幼儿园教师资格考试“十三五”规划教材

总主编　王保林

主编　余卫华

综合自然科学基础

物理

ZONGHE ZIRAN KEXUE JICHU

WULI

郑州大学出版社

图书在版编目(CIP)数据

物理/余卫华主编. —郑州:郑州大学出版社,2018.8(2022.9 重印)
综合自然科学基础
ISBN 978-7-5645-5542-9

Ⅰ.①物… Ⅱ.①余… Ⅲ.①物理学-幼儿师范学校-教材
Ⅳ.①04

中国版本图书馆 CIP 数据核字(2018)第 117504 号

郑州大学出版社出版发行
郑州市大学路 40 号　　邮政编码:450052
出版人:孙保营　　发行部电话:0371-66966070
全国新华书店经销
广东虎彩云印刷有限公司印制
开本:890 mm×1 240 mm　1/16
印张:9.25
字数:296 千字
版次:2018 年 8 月第 1 版　　印次:2022 年 9 月第 4 次印刷

书号:ISBN 978-7-5645-5542-9　　定价:20.00 元

作者名单

主　编:佘卫华

副主编:李献红　马　蓓　赵香珍

编写说明

为了适应我国教育改革和发展的新形势，满足幼儿师范高等专科学校实施科学教育的需要，并为幼儿园教师资格考试提供支持，我们编写了这本综合自然科学基础系列教材中的物理教材。编写的原则是：

1. 以教育部颁布的《幼儿师范学校物理教学大纲》为主要依据，但在物理学史的内容上不局限于大纲。教材内容力求密切联系社会、密切联系生活实际，并体现现代物理学发展的最新成果，注重培养科学素养，为师范生未来从事幼儿科学教育奠定扎实的理论和能力基础。

2. 贯彻教育部颁发的《幼儿园教师专业标准（试行）》、《3～6岁儿童学习与发展指南》中对幼儿园教师科学素养养成的要求，落实《中小学和幼儿园教师资格考试标准及大纲》精神。充分发挥物理学史的教育价值，并在习题选择和编制上适应幼儿园教师资格考试的特点和需要。

3. 贴近幼儿园教师职业化发展的需要。注重物理学与幼儿科学教育的联系，尽可能满足幼儿园科学教育的需要。

本书由余卫华主编。参加各章节编写的人员有：安阳幼儿师范高等专科学校余卫华（第一章、第三章），安阳幼儿师范高等专科学校马落（第二章、附录二），安阳幼儿师范高等专科学校赵香珍（第四章、附录一、附录三）。

为了不断提高教材质量及水平，书中不当之处，敬请读者指正。

编　者

2018年4月

目录

第一章 运动和力

恩格斯说过："没有物质的运动与没有运动的物质一样，都是不可思议的。"有物质存在就一定存在运动。运动无处不在，力也无处不在，运动和力是不可分割的组成部分。

我们对身边物体的运动进行观察，很容易发现有的物体做直线运动，有的物体做曲线运动；有的物体运动得快，有的物体运动得慢。我们坐在行驶的汽车内会发现公路旁边的树木是向后运动的，而当汽车停止时树木又是不动的，为什么？本章将通过对物体运动的描述和对物体运动规律的探究帮助同学们理解身边的物体运动。

第一节 力的描述

一、力的概念

人类对力的概念的认识，经历了一个从错误到正确的漫长过程。例如，古希腊科学家亚里士多德认为："必须有力作用在物体上，物体才能运动，没有力的作用，物体就要静止下来。"他的这个错误理论一直统治着人们的头脑，长达两千年之久，对物理学特别是力学的发展带来了重大的危害。

人们关于力的知识是从使物体发生形变和改变运动状态开始的。击碎或挪动一块石头，折断或挥动一根树枝都需要用力，而这种用力又必定跟人们的亲身感受——肌肉的收缩相联系（如图 1－1），用力的大小可以用肌肉收缩的紧张程度来反映。然而这毕竟是一种直观的、感性的认识。经过长期的实践和观察思考，人们终于把这种感性认识上升为理性认识，把凡是跟人们自身用力起到相同效果的一切作用都称之为力，从而形成了力的概念：力是物体间的相互作用。后来人们又把对力的这种认识由近及远、由表及里，从解释地面上物体的运动，扩展到解释天体运动和组成物质的微粒间的吸引和排斥以及碰撞等领域，从而认识到力是不能脱离物质而存在的。

图 1－1　力的作用

力是物体间的相互作用。一个物体受到力的作用,一定有另外的物体施加这种作用,前者是受力物体,后者是施力物体。只要有力发生,就一定有受力物体和施力物体。有时为了方便,只说物体受到了力,而没有指明施力物体,但施力物体一定是存在的,有了施力物体和受力物体才有力的存在。

力的大小可以用测力计(如弹簧测力计)来测量。在国际单位制中,力的单位是牛顿,简称牛,符号是 N。

二、力学中几种常见的力

在初中,我们已经学习过许多不同名称的力。例如,由于地球吸引作用而使物体受到的重力,物体浸在液体中受到的浮力,物体在滑动中受到的摩擦力,电荷间和磁极间的引力和斥力,还有推力、压力、拉力等,应当怎样归纳这些力呢?在力学研究的范围里,从力的性质来区分,常见的有重力、弹力和摩擦力三种。而拉力、推力、压力等都只是从它们的作用效果来命名的。

1. 重力

自然界的各种物体之间存在着多种相互作用。例如,空中的物体落向地面,是因为地球与物体之间存在着相互吸引的作用。

地面附近一切物体都受到地球的吸引,由于地球的吸引而使物体受到的力叫作重力。物体受到的重力 G 与物体的质量 m 的关系是:

$$G = mg$$

g 为重力加速度。

重力不但有大小,而且有方向。重力的方向是竖直向下的,所以悬挂重物的绳子,静止时总是竖直下垂的,剪断绳子让重物自由落向地面,物体也总是竖直下落。垂线能确定竖直方向就是依据物体所受重力的方向。

一个物体的各部分都要受到重力的作用。从效果上看,我们可以认为各部分受到的重力作用集中于一点,这一点叫作物体的重心。质量均匀分布的物体,重心的位置只跟物体的形状有关。有规则形状的均匀物体,它的重心就在其几何中心上。例如,均匀细直棒的重心在棒的中点,均匀球体的重心在球心,均匀圆柱体的重心在轴线的中点(如图 1-2)。质量分布不均匀的物体,重心的位置除跟物体的形状有关外,还跟物体内质量的分布有关。例如,载重汽车的重心随着装货多少和装载位置而变化,起重机的重心随着提升物的重量和高度而变化,重物提升得越高,则重心位置越高。

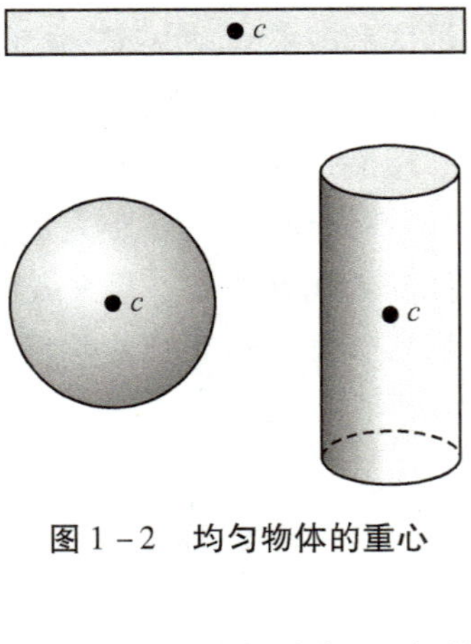

图 1-2　均匀物体的重心

2. 弹力

弹力是人类很早就发现和利用的一种力。在远古时代,人们就已经知道利用弯曲树枝产生的弹力来进行狩猎活动,后来又制作了利用弹力的弓和弩。但是对弹力的系统研究是在 17 世纪中叶以后,现在弹性力学已经发展成一门独立的学科,有关弹力的知识已被广泛应用于建筑设计、交通运输和各种机械制造中。那么,弹力究竟是怎样产生的呢?

我们通过一个简单的实验来进行观察和分析。把弹簧的一端固定,用手指抓住弹簧的另一端向上拉(如图 1-3),这时感到被拉伸的弹簧要收缩,手指受到向下“拉”的作用力;用手掌向下压弹簧时(如

图1－4)，感到发生压缩形变的弹簧要挺伸，手掌受到向上“压”的作用力。这表明发生弹性形变的弹簧，由于要恢复原状，对使它发生形变跟它直接接触的手指和手掌会产生力的作用，这种力就是弹力。从性质上看，拉力、压力、支持力都属于弹力。

图1－3　拉弹簧感受弹力

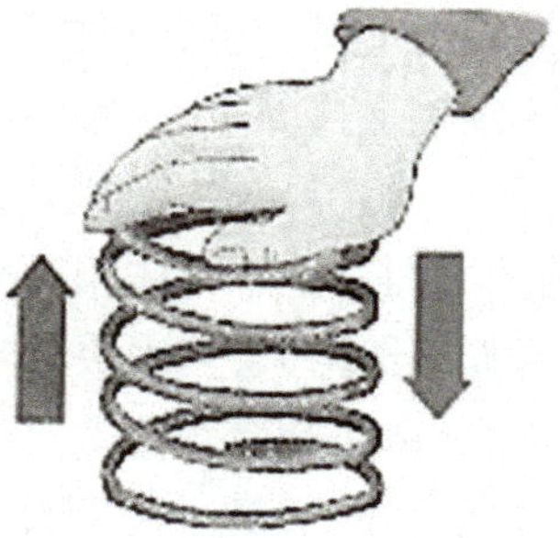

图1－4　压弹簧感受弹力

事实上，物体在力的作用下形状或体积会发生改变，这种改变叫作形变。有些物体在形变后撤去作用力时能够恢复原状，这种形变叫作弹性形变。如果形变过大，超过一定的限度，撤去作用力后物体不能完全恢复原来的形状，这个限度叫作弹性限度。

大量事实表明，不仅形变的弹簧会产生弹力，一切发生形变的物体，由于要恢复原状，对与它直接接触的物体都会产生力的作用，这种力叫作弹力。弹力的作用点就在这个直接接触的、使它发生了弹性形变的物体的接触点或接触面上。

从上面的分析中可以知道，发生弹性形变的物体是由于要恢复原状才产生弹力的，所以弹力总是指向使物体恢复原状的方向。具体地说，弹力的方向可以这样判断：两个相互接触的物体之间的压力和支持力，不论接触面是否光滑，总是垂直于接触面；绳子对挂在绳端的物体只能产生沿绳方向的拉力；细杆在受拉时产生拉力，受压时产生推力。例如，木块放在桌子上，由于相互挤压，木块和桌子都发生了微小的形变。木块力图恢复原来的形状，从而给桌子一个向下的弹力，这个力一般叫作木块对桌子的压力；同时，桌子也力图恢复原来的形状，从而给木块一个向上的弹力，这个力一般叫作桌子对木块的支持力。

弹力的大小跟组成物体的材料性质和物体发生弹性形变的程度有关。同一物体弹性形变越大，产生的弹力也就越大。

实验表明，在弹性限度内，弹力的大小跟弹簧的伸长量成正比。这个规律是英国物理学家胡克发现的，称为胡克定律。弹簧测力计就是根据这一原理制作而成的。

除了在工程技术和生产中大量利用弹簧、承重钢梁、牵引钢索等物体发生弹性形变而产生弹力的例子外，在体育运动和生活中也广泛地利用着形变产生的弹力。例如，射箭就是利用弓和弦形变后产生的弹力；杂技中的蹦床表演就是利用弹簧形变后产生的弹力。

3. 摩擦力

摩擦是一种常见的现象。行驶的车辆刹车后能制动，机场用传送带输送乘客的行李(如图1－5)，这些都是跟摩擦有关的现象。我们在初中已经知道，两个相互接触的物体，当它们发生相对运动或具有相对运动的趋势时，就会在接触面上产生阻碍相对运动或相对运动趋势的力，这种力叫作摩擦力。

图1－5　货物传送带

（1）静摩擦力

在一个桌面上放置一块木块，用弹簧测力计通过细绳向右拉它，当弹簧测力计上读数不大时，木块不发生移动。这是因为当用较小的力拉木块而它不动时，它与桌面间产生了阻碍木块相对运动的摩擦力，这种摩擦力叫作静摩擦力。受力分析可知，这时木块受到的静摩擦力的大小跟木块所受拉力的大小相等，方向相反，所以木块仍保持静止。如果改为向左拉木块，当拉力大小不变时，木块同样保持静止，这时拉力同样与静摩擦力大小相等，木块受到的静摩擦力方向向右。

可见，静摩擦力的方向总是跟物体相对运动趋势的方向相反。如果逐渐增大对木块的拉力，可以看到弹簧测力计上的示数逐渐增大，但木块依然保持静止，说明静摩擦力是随拉力的增大而增大的。但当拉力增大到某一数值时，木块开始运动了，这表明静摩擦力有一个最大值，叫作最大静摩擦力。

实验表明，物体接触面间的最大静摩擦力跟接触面间的压力有关，增大压力，最大静摩擦力也将增大；另外，它还跟接触面的粗糙程度有关，接触面间越粗糙，最大静摩擦力也越大（如图1－6）。

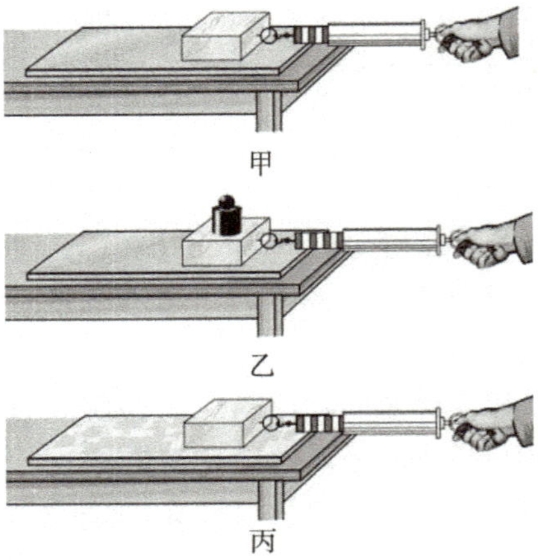

图1－6　影响最大静摩擦力的因素

日常生活和生产技术中，常用增大压力和改变接触面的粗糙程度的方法来达到增大摩擦力的目的，这正是利用了最大静摩擦力的上述性质。

（2）滑动摩擦力

两个相互接触且相互挤压的物体，在发生相对运动时，接触面之间会产生一种阻碍相对运动的力，叫作滑动摩擦力。滑动摩擦力的方向总是沿着接触面，并且跟物体的相对运动方向相反。

实验表明，滑动摩擦力的大小跟压力成正比，也就是跟两个物体表面间的垂直作用力成正比。如果用 F 表示滑动摩擦力的大小，用 N 表示压力的大小，则有：

$$F = \mu N$$

其中，μ 是比例常数，叫作动摩擦因数，它的数值跟相互接触的两个物体的材料有关。材料不同，两物体间的动摩擦因数也不同。动摩擦因数还跟接触面的情况（如粗糙程度）有关。

除滑动摩擦外，还有滚动摩擦。滚动摩擦是一个物体在另一个物体表面上滚动时产生的摩擦。当压力相同时，滚动摩擦比滑动摩擦小得多。滚动轴承就是根据这一特点制成的（如图1－7）。

图1－7　钢珠轴承

【阅读园地】

流体的阻力

气体和液体都具有流动性,统称为流体。物体在流体中运动时,都要受到流体的阻力。阻力的方向与物体相对于流体运动的方向相反。汽车、火车、飞机等交通工具在空气中运动,都要受到空气的阻力。快速骑自行车,我们就会感受到空气的阻力。轮船、潜艇在水面或水下航行,要受到水的阻力。鱼在水中游动,人在水中游泳,都要受到水的阻力。

流体的阻力跟物体相对于流体的速度有关,速度越大,阻力越大。

流体的阻力跟物体的横截面积也有关,横截面积越大,阻力越大。跳伞运动员在空中张开降落伞,凭借着降落伞较大的横截面积取得较大的空气阻力,从而比较缓慢地降落(如图 1－8)。

图 1－8　降落伞

流体的阻力还跟物体的形状有关,头圆尾尖的物体所受的流体阻力较小,这种形状通常叫作流线型。海豚的形状就是流线型的(如图 1－9)。为了减小阻力,小汽车、高速列车的车头、飞机、潜艇以及轮船的水下部分,外形都采用流线型(如图 1－10)。

图 1－9　海豚

图 1－10　高速列车

一般来说,空气阻力比液体阻力、固体之间的摩擦力都要小。气垫船靠船下喷出的气体,浮在水面航行,阻力小,速度快。磁悬浮列车靠电磁力使列车悬浮在轨道上,阻力小,速度可达 500 km/h。

【人物小传】

亚里士多德

亚里士多德(公元前 384—公元前 322 年,如图 1－11),古希腊人,世界古代史上伟大的哲学家、科学家和教育家,堪称希腊哲学的集大成者。马克思曾称亚里士多德是古希腊哲学家中最博学的人物,恩格斯称他是“古代的黑格尔”。

图 1－11　亚里士多德

亚里士多德关于物理学的思想深刻地塑造了中世纪的学术思想，其影响力延伸到了文艺复兴时期，最终被牛顿物理学取代。在物理学的力学上，亚里士多德的成就不少，但最常被提到的，却是他所犯的错误。他认为物体只有在外力推动下才运动，外力停止，运动也就停止；他还认为做自由落体运动的物体重的比轻的落得快。在天文学方面，亚里士多德认为运行的天体是物质的实体，地球是球形的，是宇宙的中心。

亚里士多德一生勤奋治学，从事的学术研究涉及逻辑学、修辞学、物理学、生物学、教育学、心理学、政治学、经济学、美学、博物学等，写下了大量的著作，他的著作是古代的百科全书。

过去几个世纪中对他的评价有失公正而使他声名狼藉，他的先进思想在近几十年才得到充分肯定。

【思考和讨论】

举例说出生活中你所知道的流线型。

【问题与练习】

如果地板上有沙子，走在上面更容易滑倒摔跤，为什么？

第二节　运动的描述

自然界是由物质组成的，且物质处于不停的运动中。在我们周围，到处都可以看到物体的运动。河水在奔流，鸟儿在飞翔，树叶在摇动，车辆在行驶，机器在运转，自然界的一切物体都在不停地运动。而通常被认为不动的物体，如房屋、桥梁、高山等，实际上也随着地球一起运动；放在桌子上的课本，其内部的分子、原子也在不停地运动。宇宙中的一切，大到天体，小到分子、原子，都在不停地运动。自然界中我们找不到不动的物体，也就是说，运动是绝对的。

自然界中物质运动的形式是多种多样的，各种运动都有其不同的规律，其中最简单的运动形式是物体相对于其他物体的位置变化。物理学里把物体相对于其他物体位置的变化叫作机械运动。

常见的机械运动，不论是直线运动还是曲线运动，也不论物体运动得快还是运动得慢，都必定涉及物体在某段时间里的位置变化。所以，时间和位置变化的量度，就成为研究一切机械运动时首先要解决的问题。

一、参考系

我们说树木、房屋是静止的,行驶的汽车是运动的,这是以地面为参考标准来说的。在描述一个物体的运动时,选来作为参考标准的物体,叫作参考系。

选择不同的参考系来观察同一个物体的运动,观察的结果会有不同。坐在行驶的火车中的乘客,如果以车厢做参考系,他是静止的;如果以地面做参考系,他是运动的。

描述一个物体的运动时,参考系是可以任意选取的。例如,一个人在河里游泳,观察他的运动时可以选取河里航行的船只做参考系,也可以选取河岸做参考系;研究天体的运动时,可以选取地球做参考系,也可以选取太阳做参考系。但是,选择不同的参考系描述物体的运动,繁简程度并不一样。同一个物体的运动,如果选取的参考系不同,描述的结果可能不同。例如,研究地面上物体的运动,如果以地面或相对于地面不动的房屋、树木为参考系就会十分简便。而在研究行星的运动时,如果选取太阳为参考系,就比选取地球为参考系要简便得多。

自然界的一切物体都处于永恒的运动中,绝对静止的物体是不存在的。就此意义而言,我们说运动是绝对的。但是,描述某一个物体的位置及其随时间的变化,却又总是相对于其他物体而言的,这便是运动的相对性。由于运动描述的相对性,凡是提到运动,都应该弄清楚它是相对哪个参考系而言的。参考系的选择是个重要的问题,选取得当,会使问题的研究更加简便。在研究地面上物体的运动时,在不指明参考系时,通常都是以地面为参考系的。

二、质点

物体都有一定的大小和形状,其在运动过程中各个部分的运动情况不一定相同。例如,火车转弯时外侧一点画过的弧就比内侧一点画过的弧要长些;雄鹰拍打着翅膀在空中翱翔,雄鹰的身体在向前运动,但它的翅膀在向前运动的同时还在上下运动。可见要想准确描述物体的运动,并不是一件容易的事。但是,在某些情况下却可以不考虑物体的大小和形状,从而使问题简化。例如,一列火车从北京开往天津,当我们讨论火车的运行速度和时间等问题时,由于火车的长度比北京到天津的距离小得多,就可以不考虑火车的长度;当我们研究地球的公转时,由于地球的平均直径(约 1.3×10^4 km)比地球和太阳之间的平均距离(约 1.5×10^8 km)小得多,也可以不考虑地球的大小和形状。在这些情况下,我们可以把物体看成一个有质量的点,或者说,用一个有质量的点来代替整个物体。用来代替物体的有质量的点叫作质点。

一个物体能不能被看作质点,要视问题的具体情况而定。前面的例子中,研究火车在北京和天津之间运行,可以把火车看作质点。而如果研究整个火车通过某一标志所用的时间,则显然要考虑火车的长度,这时就不能把火车看作质点了。研究地球公转可以把地球看作质点,可研究地球的自转时,我们却不能忽略地球的大小,当然也不能把地球当作质点了。

三、路程和位移

物理学上把物体运动轨迹的长度叫作路程(如图 1 – 12)。

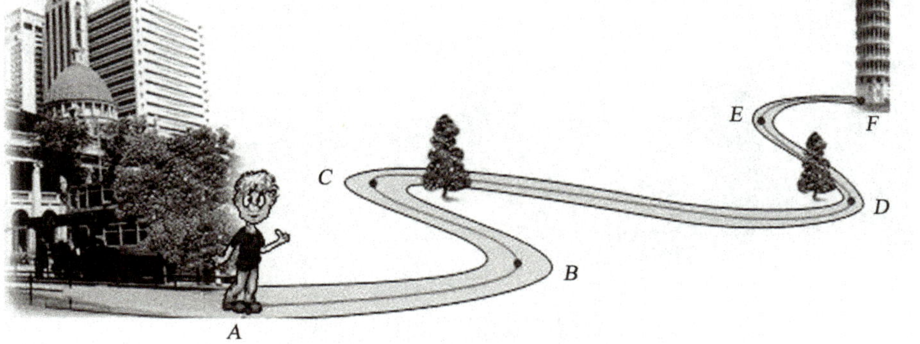

图 1 – 12　小孩从家到塔的路程是曲线 *ABCDEF* 的长度

由北京到上海，你可以选择不同的交通路线，可以乘火车，也可以乘飞机，还可以坐汽车到天津然后换乘轮船。使用不同的交通工具，其运动轨迹是不同的，走过的路程也不一样。但是，就位置的变动来说，你总是由初始位置北京到达了东南方向直线距离约 1 080 km 的上海（如图 1－13）。

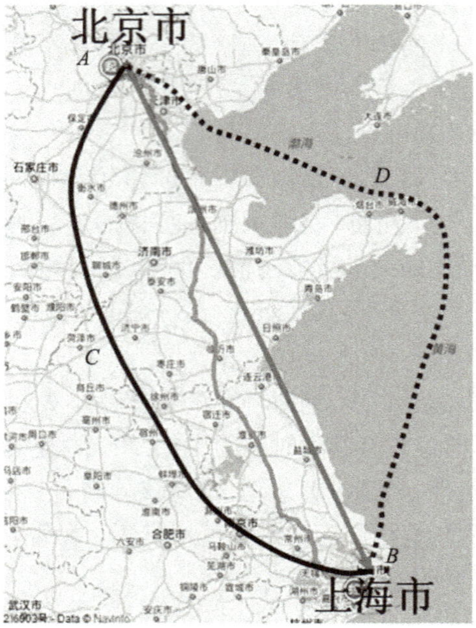

图 1－13　从北京到上海

为了描述物体位置的变动，物理学中引入了位移的概念。把物体的初位置指向末位置的有向线段，叫作位移。质点由初位置 A 运动到末位置 B，从 A 指向 B 的有向线段 AB，就可以用来表示质点在这次运动中发生的位移（如图 1－14）。有向线段的长度表示位移的大小，有向线段的方向表示位移的方向（如图 1－15）。位移既有大小，又有方向，通常用字母 s 表示位移。在国际单位制中，位移的单位是米，米的符号是 m。

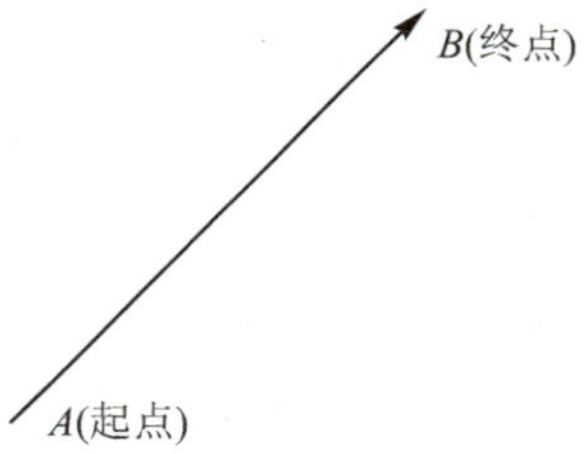

图 1－14　位移

图 1－15　小孩从家到塔的位移是线段 AF
（AF 的长是位移的大小，方向是 $A \to F$）

四、矢量和标量

在物理学中，像力、位移这样的物理量，既有大小又有方向，这类物理量叫作矢量；而像路程、温度、质量、密度这样的物理量，它们只有大小，没有方向，这类物理量叫作标量。

五、运动快慢的描述——速度

日常生活中，我们说骑自行车比走路快，汽车比自行车快，飞机比汽车更快，其依据是什么？

不同的物体，位置变化的快慢往往不同，也就是说，运动的快慢不同。要比较物体运动的快慢，可以有两种方法。一种方法是在位移相同的情况下，比较所用时间的长短，时间短的运动较快。例如在百米赛跑中运动员甲用 10 s 跑完全程，运动员乙用 11 s 跑完全程，甲用的时间短，我们就说甲跑得快。另一种方法是在相同时间的情况下，比较两物体位移的大小，位移大的，运动较快。例如汽车 A 在 2 h 内行驶了 90 km，汽车 B 在 2 h 内行驶了 150 km，汽车 B 运动得更快。那么，运动员甲和汽车 A，哪个更快呢？这就要找到一个统一的比较标准了。如果我们算出它们各自在单位时间内（如每秒内）的位移，就便于比较了。为此我们引入速度的概念。

1. 速度和速率

速度是表示物体运动快慢的物理量，它等于物体的位移跟发生这段位移所用时间的比值。

如果用 s 表示位移，用 t 表示时间，用 v 表示速度，就可以写成以下公式：

$$v = \frac{s}{t}$$

在国际单位制中，速度的单位是米每秒，符号是 m/s。常用的单位还有千米每小时（km/h）、厘米每秒（cm/s）等。

物体所做的机械运动有不同的方向。在研究和描述物体的运动时，只知道它的快慢是不够的，还必须了解运动的方向。通常我们所说的物体运动的方向，就是指速度的方向。速度不但有大小，而且有方向，因此速度是矢量。速度的大小在数值上等于单位时间内位移的大小，速度的方向跟位移的方向相同。

速度的大小通常又叫作速率，速率是标量。

2. 平均速度和瞬时速度

物体的运动速度往往是变化的。例如，短跑运动员起跑后速度越来越快，在冲过终点线后速度越来越慢；汽车出站后速度越来越快，进站后速度越来越慢，直到最后停下来。在相等的时间里，物体的位移都相等的直线运动，叫作匀速直线运动。匀速直线运动是一种最简单的机械运动。在相等的时间里，物体的位移不相等的直线运动，叫作变速直线运动。

在匀速直线运动中，位移 s 跟发生这段位移所用的时间 t 的比值是恒定的，由公式 $v=\frac{s}{t}$ 求出的是匀速直线运动的速度。在变速直线运动中，位移 s 跟发生这段位移所用的时间 t 的比值不是恒定的，由公式 $v=\frac{s}{t}$ 求出的速度，是做变速直线运动的物体在时间 t（或位移 s）内的平均速度，平均速度通常用 $\bar{v}$ 表示。

在变速直线运动中，不同时间（或不同位移）内的平均速度一般是不同的。因此，必须指明求出的平均速度是相对哪段时间（或哪段位移）来说的，生活中通常说某物体运动的速度一般都指的是平均速度。

平均速度表示做变速直线运动的物体在某一段时间内的平均快慢程度，只能粗略地描述物体的运动。要精确地描述变速直线运动，就要知道物体在某一时刻（或经过某一位置）时运动的快慢程度。运动的物体在某一时刻或经过某一位置的速度，叫作瞬时速度。

瞬时速度的大小叫作瞬时速率，有时简称速率。

建立了瞬时速度的概念，就能确切地描述做变速运动的物体在任意时刻或经过任一位置时的运动快慢。技术上通常用速度计来测瞬时速率。图 1－16 是某汽车的速度计，指针所指的数值，就是某时刻汽车的瞬时速率。乘车的时候注意观察速度计，就会看到，指针所指的数值随汽车行驶的快慢而改变。在交通管理中，在公路上要设置限速标志，以限制汽车的瞬时速度。交通警察可以利用雷达测速器来测量汽车的速度，以监视来往的汽车是否超速行驶。在兵器实验中，需要测量子弹或炮弹冲出枪口或炮口的速度，以检验武器是否合格。在这些情况下测量的速度都是瞬时速度。

图 1－16　汽车的速度计

六、速度变化快慢的描述——加速度

不同物体运动时速度变化的快慢往往是不同的。例如，小汽车启动后，驾驶员踩下油门踏板，汽车速度就会很快增大起来；而一辆公共汽车启动后，速度虽然也会增大起来，但是要用较长的时间。一颗子弹在枪膛里未被击发时速度等于零，一经击发，可以在极短时间内以数百米每秒的速度飞离枪口；而一架超音速飞机从开始起飞到与子弹同样大小的速度，就要经过比较长的时间。上述事例说明，在不同的变速直线运动中，速度变化的快慢是不同的。

对于做变速直线运动的物体，有这样一种情况：物体在一条直线上运动，如果在相等的时间内速度的变化相等，这种运动就叫作匀变速直线运动。其中运动越来越快的叫作匀加速直线运动，越来越慢的叫作匀减速直线运动。

为了描述运动物体速度变化的快慢，我们引入了加速度的概念。

加速度是表示速度变化快慢的物理量，它等于速度的变化量跟发生这一变化所用时间的比值。用 v_0 表示运动物体开始时刻的速度（初速度），用 v_t 表示经过一段时间 t 的速度（末速度），用 a 表示加速度，那么：

$$a = \frac{v_t - v_0}{t}$$

加速度的单位是由速度单位和时间单位来确定的。在国际单位制中，速度的单位是米/秒，时间的单位是秒，则加速度的单位是米/秒^2，读作“米每二次方秒”，符号是 m/s^2。

加速度既有大小，也有方向，是矢量。加速度的大小在数值上等于单位时间内速度的变化量。在变速直线运动中，速度的方向始终在一条直线上，通常取初速度的方向为正方向。如果速度增大，末速度 v_t 大于初速度 v_0，加速度是正值，这时加速度的方向跟初速度 v_0 的方向相同；如果速度减小，加速度是负值，这时加速度的方向跟初速度 v_0 的方向相反。做匀速直线运动或静止的物体，它的速度大小和方向保持不变，因此加速度为零。

建立了加速度的概念，就可以用加速度来描述物体速度变化的快慢。比如上例中的小汽车的加速度比公共汽车的加速度大；子弹在枪膛里运动的加速度远远大于超音速飞机起飞过程的加速度。

【思考和讨论】

1. 位移和路程有什么区别？琢磨一下，从甲地到乙地的导航中是如何运用位移概念的。

2. 我国道路交通安全法规中，要求车辆限速行驶。“测速”和“区间测速”分别测的是什么速度？查阅相关资料了解一下。

【问题与练习】

举例说出生活中运动物体的速度大约是多少。

第三节　牛顿运动定律

在前面我们学习了怎样描述物体的运动,但没有讨论物体为什么会做这种或那种运动。要讨论这样的问题,就要研究运动与力的关系。在物理学中,只研究物体怎样运动而不涉及运动与力的关系的理论,称作运动学;研究运动与力的关系的理论,称作动力学。

运动学是研究动力学的基础,但只有懂得了动力学的知识,才能根据物体所受的力确定物体的位置、速度变化的规律,才能够创造条件来控制物体的运动。例如,运动学只是使我们能够描述天体是怎样运动的,动力学则使我们能够把人造卫星和宇宙飞船送上太空,使人类登上月球,甚至奔向火星……牛顿运动定律确立了力与运动之间的关系,这一节我们就来学习它。

一、牛顿第一定律

爱因斯坦曾把一代代科学家探索奥秘的努力,比作福尔摩斯侦探小说警员破案的过程。在侦探故事中,有时候明显可见的线索却把人们引到错误的判断上去,也就是说,光凭经验来做判断是靠不住的。

长期以来,在研究物体运动原因的过程中,人们的经验是:要使一个物体运动,必须推它或者拉它。因此,人们直觉地认为,物体的运动是与推、拉等行为相联系的,如果不再推、拉,原来的运动便停下来。根据这类经验,亚里士多德得出结论:必须有力作用在物体上,物体才能运动;没有力的作用,物体就要静止在一个地方。也就是说力是维持物体运动的原因。这种错误的结论维持了近两千年,直到三百多年前,意大利物理学家伽利略才根据实验发现了正确的线索,揭示了现象的本质。

1. 伽利略理想实验

物体的运动需要力维持吗?力和运动到底有什么关系呢?伽利略认为,将人们引入歧途的是摩擦力,而在日常物体的运动中,摩擦力又是难以避免的。

伽利略注意到,当一个球沿斜面向下运动时,它的速度增大,而向上运动时,速度减小。他因此猜想:当球沿水平面运动时,它的速度应该不增不减。但是实际情况却是,即使沿水平面运动,球也越来越慢,最后停下来。伽利略认为,这是摩擦阻力作用的结果,因为他同样还观察到,表面越光滑,球便会运动得越远。于是,他推断:如果没有摩擦力,球将永远运动下去。

伽利略为了说明他的思想,设计了一个实验(如图 1－17):让小球沿一个斜面从静止状态开始向下运动,小球将“冲”上另一个斜面,如果没有摩擦,小球将上升到原来的高度。减小第二个斜面的倾角,小球在这个斜面上仍将达到同一高度,但这时它要运动得远些。继续减小第二个斜面的倾角,球达到同一高度时就会运动得更远。于是他问道:如果将第二个斜面放平,球会到达多远的位置?结论显然是:球将永远运动下去,却不再需要什么力去推动。这就是说,力不是维持物体运动的原因。

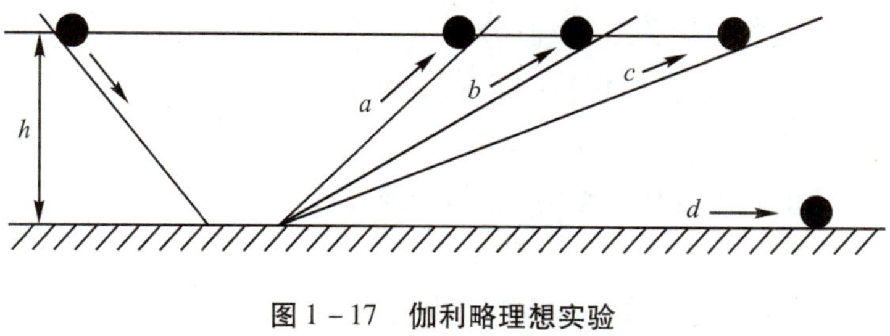

图 1－17　伽利略理想实验

当然,我们不能消除一切阻力,也不能把第二个斜面做得无限长,所以伽利略的实验是个“理想实验”。

与伽利略同时代的法国科学家笛卡尔进一步补充了伽利略的结论,他指出,如果运动物体不受到任何力的作用,不仅速度大小不变,而且运动方向也不变,将沿原来的方向匀速运动下去。他还认为,这应该成为一个原理，它是人类整个自然观的基石。

2. 牛顿第一定律

在伽利略和笛卡尔研究的基础上，牛顿概括出了一条重要的物理定律：

一切物体总保持静止状态或匀速直线运动状态，直到有外力迫使它改变这种状态为止。这就是著名的牛顿第一定律。

牛顿第一定律表明，物体具有保持原来静止状态或匀速直线运动状态的性质，我们把这个性质叫作惯性。所以牛顿第一定律又叫惯性定律。

因为不可能把自然界的任何物体完全孤立起来，也就是说，我们周围的物体，都要受到各种不同的力作用，不受力作用的物体是不存在的，所以，牛顿第一定律是利用逻辑思维对事实进行分析的产物，不可能用实验直接验证。但是，从定律得出的一切推论，都经受住了实践的检验，因此，牛顿第一定律已成为大家公认的力学基本定律之一。

二、牛顿第二定律

前面已经指出，如果物体的速度不变，我们就说它的运动状态不变；如果物体速度的大小或方向变了，我们就说它的运动状态改变了，也就是说，速度是描述物体运动状态的物理量，加速度是描述物体运动状态变化快慢的物理量。

1. 牛顿第二定律

大量事实表明：力可以使静止的物体运动起来，也可以使运动的物体变静止，还可以使运动的物体速度变大或变小。也就是说力可以改变物体的运动状态，或者说，力是使物体产生加速度的原因。那么，物体所产生的加速度跟受到的力有什么关系呢？此外，加速度的大小还跟什么因素有关系呢？

从生活经验中我们知道，推小车时，如果用力大，小车在很短的时间内就能从静止达到较大的速度，也就是产生较大的加速度；如果用的力小，产生的加速度就小。这表明物体受到的力越大，物体的加速度也越大。并且，静止的小车受到哪个方向的力，它就向哪个方向加速运动。这说明，加速度的方向跟力的方向是相同的。

如果用同样的力推两辆不同的车，一辆是空车，质量小；另一辆装满了货物，质量大。我们会看到，质量小的车产生的加速度大，质量大的车产生的加速度小。事实证明：在外力一定的情况下，物体的质量越大，产生的加速度越小。

大量实验都得出同样的结论：物体的加速度与它所受的合力成正比，与它的质量成反比；加速度的方向是合力的方向，这就是牛顿第二定律。其数学表达式为：

$$F = kma$$

如果式中 F、m 和 a 都采用国际单位制时，牛顿第二定律表达式中的比例系数 $k=1$，则公式简化为：

$$F = ma$$

牛顿第二定律指明了运动和力的关系，我们分析运动现象时，首先要分析它所受的力。当物体不受力或所受的合力为零时，物体由于惯性而保持静止或做匀速直线运动；当物体所受的合力不等于零时，它就要在合力的方向上产生加速度。对于一定质量的物体，当力不变时，加速度也不变，物体做匀变速直线运动；力发生变化时，加速度也立即变化，物体做非匀变速直线运动。

2. 惯性与质量

根据牛顿第二定律，如果相同的力作用在质量不同的物体上，产生的加速度跟物体的质量成反比，即质量大的物体产生的加速度小，质量小的物体产生的加速度大，这就是说，质量大的物体不容易改变运动状态，它保持原有运动状态的惯性大。可见，物体质量的大小，能够表示物体惯性的大小。由此我们得出结论：质量是物体惯性大小的量度。俗话说“船大掉头难”就是这个道理。

质量只有大小，没有方向，它是标量。在国际单位制中，质量的单位是千克，符号为 kg。

三、牛顿第三定律

1. 作用力和反作用力

力是物体对物体的作用。只要谈到力，就一定存在受力物体和施力物体。

用手拉弹簧，弹簧受到手的拉力，同时弹簧发生形变，手也就受到弹簧的拉力（如图 1 – 18）。在平静的湖面上，如果人在自己的船上推另一只船，被推的船受到力的作用远离，同时自己的船也会向后运动（如图 1 – 19）。站在小车上的两个同学，不论谁先推谁，两个人都会同时向相反方向运动（如图 1 – 20）。

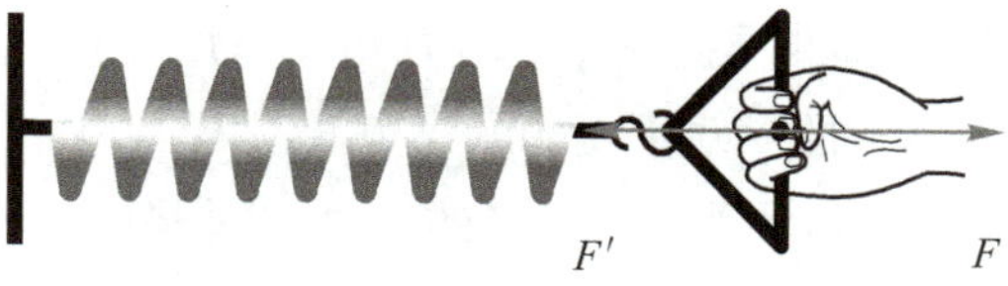

图 1 – 18　手用力拉弹簧，弹簧也用力拉手

图 1 – 19　推船

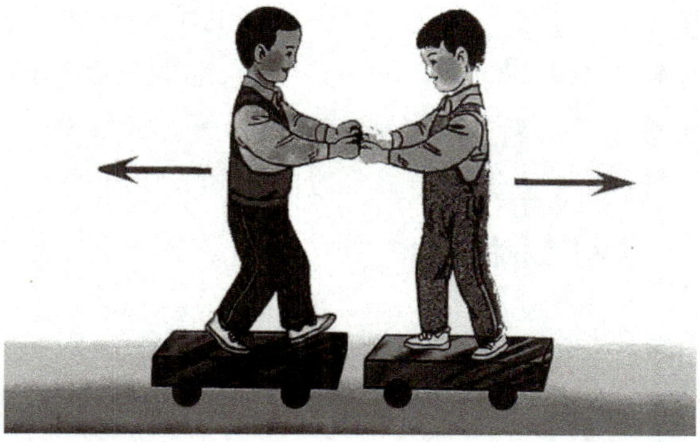

图 1 – 20　推推看

观察和实验表明：在两个物体之间，力的作用总是相互的。当一个物体对另一个物体有力的作用时，另一个物体同时对这个物体也有力的作用。物体间相互作用的这一对力，叫作作用力和反作用力。作用力和反作用力总是相互依存，同时存在，没有先后主次之分。所以，我们可以把其中一个力叫作作用力，而另一个力叫作反作用力。

2. 牛顿第三定律

作用力和反作用力的大小之间、方向之间有什么样的关系呢？这是一个定量的问题，而定量的问题只靠日常的观察和经验是解决不了的，它需要通过实验来回答。

【实验】

探究作用力和反作用力的关系

把 A、B 两个弹簧测力计连接在一起，B 的一端固定，用手拉测力计 A。如图 1 – 21 所示，可以看到两个测力计的指针同时移动。这时，测力计 A 受到 B 的拉力 F′，测力计 B 则受到 A 的拉力 F。F 与 F′有什么关系呢？

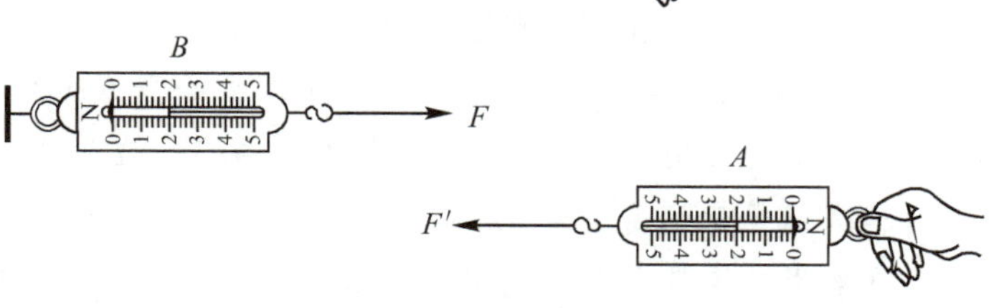

图 1 – 21　研究作用力和反作用力的关系

从实验中可以看到，不论哪一种情况，两个弹簧测力计的示数总是同时出现，同时消失，并且示数相等；两个弹簧测力计的伸长方向总是相反的，并且作用在一条直线上。

大量实验表明：物体之间的作用力和反作用力的大小相等，方向相反，作用在一条直线上。这就是牛顿第三定律。

通常用 F 表示作用力，用 F' 表示反作用力，于是，这两个力之间的关系表示为：

$$F = -F'$$

式中的负号表示两个力的方向相反。

应用牛顿第三定律分析物体的运动时要注意，作用力和反作用力不能相互抵消，因为他们分别作用在两个物体上，不是作用在同一物体上的一对平衡力。

在生活和生产中关于牛顿第三定律的例子是很多的。划船时桨向后推水，水就向前推桨，从而将船推向前进。与此类似，轮船的螺旋桨旋转时也是向后推水，水同时给螺旋桨一个反作用力，推动轮船前进。汽车的发动机驱动车轮转动，由于轮胎和地面间的摩擦，车轮向后推地面，地面给车轮一个向前的反作用力，使汽车前进。汽车受到的牵引力就是这样产生的。如果把驱动轮架空，不让它跟地面接触，这时车轮虽然转动，但车轮不推地面，地面也就不产生向前推车的力，汽车就不会前进。陷在泥泞中的汽车，尽管车轮飞转，车也不能前进，就是这个道理。为了避免这类问题，许多越野车可以按需要分别由前轮或后轮驱动，必要时甚至可以四轮同时驱动。

【阅读园地】

惯性现象

一切物体在任何情况下都有惯性。物体表现出惯性的现象我们经常遇到。例如当汽车突然起步时，车上乘客的脚已随车向前运动，而身体的上部由于惯性还要保持静止状态，这时乘客就要向后倒。反之，行驶的汽车突然刹车时，车上的乘客会向前倒（如图 1-22），你能说明向前倒的原因吗？

图 1-22　汽车急刹车时，车上的乘客向前倾倒

惯性是造成许多交通事故的原因。行驶中的汽车和自行车刹车时，由于惯性不能立即停止，即使紧急刹车，也要向前运动一段距离才能停下来。对机动车行驶速度进行限制，骑自行车时不要骑得太快，都是为了避免由于来不及停车而造成交通事故。

现在汽车的速度越来越快，有时又需要紧急刹车。为了防止高速行驶的汽车紧急刹车时乘员由于惯性而撞伤，公安部门要求小型客车的驾驶员和前排乘客必须使用安全带，同时要求 12 周岁以下儿童不得乘坐副驾驶位置。在汽车紧急刹车时或遭遇碰撞事故时，安全带和安全气囊起缓冲作用，防止乘客遭受强烈撞击而重伤。儿童乘车时，一定要使用儿童安全座椅（如图 1-23），在汽车碰撞或突然减速的情况下，可以减少对儿童的冲击力和限制儿童的身体移动，从而减轻对他们的伤害。2017 年 1 月，上海市发布的新交通条例规定：驾驶家庭乘用车携带未满 4 周岁的未成年人时，未配备或者未正确使用儿童安全座椅的，处警告或者 50 元以上 200 元以下罚款。

图 1－23　儿童安全座椅

【人物小传】

牛顿

艾萨克·牛顿(1643—1727 年,如图 1－24),英国著名物理学家,英国皇家学会会长,百科全书式的“全才”。

图 1－24　牛顿

少年时的牛顿并不是神童,他成绩一般,但喜欢读书。到了中学时代,学习成绩很出众,对自然现象充满好奇。之后迫于生活困难,辍学在家务农,赡养家庭,后来经过努力又重返学校学习。

1661 年 6 月,牛顿进入剑桥大学三一学院学习。自牛顿进入大学到 1696 年,他一直生活在剑桥大学,从一名学生成长为一名数学教授、皇家学会会员,成为英国最有名望的学者。1703 年成为皇家学会会长,并任职 24 年之久。在剑桥生活的 35 年里,牛顿勤奋学习、勤于思考,在数学、物理学上取得巨大的成就,写下了许多名著。富有浪漫主义色彩的“苹果落地”故事,据说也发生在那个时期。

在力学上,牛顿在伽利略、迪卡尔等人的研究基础上,总结出了牛顿运动三定律,还发现了万有引力定律。他在 1688 年发表的著作《自然哲学的数学原理》里,对万有引力和三大运动定律进行了描述。这些描述奠定了此后三个世纪里物理世界的科学观点,并成为现代工程学的基础。他通过论证开普勒行星运动定律与他的引力理论间的一致性,展示了地面物体与天体的运动都遵循着相同的自然定律,从而消除了对太阳中心说的最后一丝疑虑,并推动了科学革命。在光学上,他发明了反射式望远镜,并基于对三棱镜将白光发散成可见光谱的观察,发展出了颜色理论。

牛顿是最有影响的科学家,被誉为“物理学之父”,他是经典力学基础牛顿运动定律的建立者。他发现的运动三定律和万有引力定律,为近代物理学和力学奠定了基础,他的万有引力定律和哥白尼的日心说奠定了现代天文学的理论基础。直到今天,人造地球卫星、火箭、宇宙飞船的发射升空和运行轨道的计算，都仍以这些作为理论根据。2005 年，英国皇家学会进行了一场名为“谁是科学史上最有影响力的人”的民意调查，牛顿被认为比阿尔伯特·爱因斯坦更具影响力。1942 年爱因斯坦为纪念牛顿诞生300 周年而写的文章，对牛顿的一生做出如下评价：“只有把他的一生看作为永恒真理而斗争的舞台上的一幕才能理解他。”此赞语最恰当不过了。

【思考和讨论】

我国道路交通安全法规定，禁止车辆超速超载行驶。学了牛顿运动定律以后，解释一下这是为什么。

【问题与练习】

得出物体运动原因错误结论的是(　　)。

A. 亚里士多德　　B. 牛顿　　C. 伽利略　　D. 笛卡尔

第四节　自由落体运动

一、自由落体运动

物体下落的运动是一种常见的运动。挂在线上的重物，如果把线剪断，它就在重力的作用下，沿着竖直方向下落。从手中释放的石块，在重力的作用下也沿着竖直方向下落。很显然，物体下落的运动是直线运动。

那么，不同物体下落的快慢是否相同呢？有什么规律吗？

【演示】

自由落体运动

拿一个长约 1.5 m 的玻璃筒，一端封闭，另一端有开关，把形状和质量都不相同的几个物体，如金属片、小羽毛、小软木塞、小玻璃球等，放到玻璃筒里（如图 1－25）。把玻璃筒倒立过来，观察这些物体下落的情况。

把玻璃筒里的空气抽出去，再把玻璃筒倒立过来，再次观察物体下落的情况。

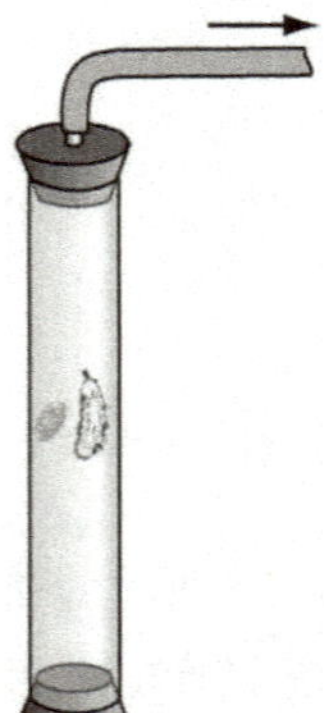

图 1－25　真空玻璃管中不同物体下落速度相同

物体只在重力作用下从静止开始下落的运动，叫作自由落体运动。这种运动只有在真空里才能发生。在有空气的空间里，如果空气阻力的作用比较小，可以忽略不计，物体的下落也可以看作自由落体运动。

大量事实表明：自由落体运动是初速度为零的匀加速直线运动。

二、自由落体加速度

使用不同物体进行的反复实验表明，在同一地点，一切物体自由下落的加速度都相同，这个加速度叫作自由落体加速度，也叫作重力加速度，通常用 g 表示。

重力加速度的方向竖直向下，它的大小可以通过多种方法用实验测定。

精确的实验发现，在地球上不同的地方，g 的大小是不同的，在赤道 $g=9.780\ m/s^2$，在北京 $g=9.801\ m/s^2$。一般的计算中，可以取 $g=9.8\ m/s^2$，在粗略地计算中，还可以取 $g=10\ m/s^2$。

【阅读园地】

伽利略对自由落体运动的研究

落体的运动是司空见惯的，但人类对它的认识却经历了差不多两千年的时间。爱因斯坦曾经颇为感慨地说："有一个基本问题，几千年来都因为它太复杂而含糊不清，这就是运动问题。"最早研究运动问题的，大概要算古希腊学者亚里士多德了。

是什么因素决定一个物体下落的快慢呢？平常观察到的事实是，一块石头比一片树叶落得快些……亚里士多德认为物体下落的快慢是由它们的重量决定的。他的这一论断符合人们的常识，以致于其后两千年的时间里，大家都奉为经典。

16 世纪末，意大利比萨大学的青年学者伽利略对亚里士多德的论断表示了怀疑。后来，他在 1638 年出版的《两种新科学的对话》一书中对此做出了评论。

根据亚里士多德的论断，一块大石头的下落速度要比一块小石头的下落速度大。假定大石头的下落速度是 8，小石头的下落速度是 4，当我们把这两块石头捆在一起时，大石头会被小石头拖着而减慢，结果整个系统的下落速度应该小于 8；但两块石头捆在一起，总的重量比大石头还要重，因此整个系统下落的速度要比 8 还大。这样，就从"重物比轻物落得快"的前提推断出了互相矛盾的结论，这使亚里士多德的结论陷入了困境。为了摆脱这种困境，伽利略认为只有一种可能性：重物和轻物应该下落得同样快。传说伽利略在比萨斜塔做过落体实验（如图 1－26），但传说的真实性还有待考证。

图 1－26 比萨斜塔

伽利略并没有就此止步，他要进一步通过实验研究自由落体运动。伽利略首先面临的困难是概念上的，因为那时人们连速度的明确定义都没有。因此，对伽利略来说，必须首先建立描述运动所需的概念。此前我们所学的概念，诸如平均速度、瞬时速度以及加速度等，就是伽利略首先建立起来的。

伽利略相信，自然界的规律是简洁明了的。他从这个信念出发，猜想落体运动一定是一种最简单的变速运动，而最简单的变速运动，它的速度应该是均匀变化的。但是，速度的变化怎样才算是"均匀"的呢？他考虑了两种可能：一种是速度的变化对时间来说是均匀的；另一种是速度的变化对位移来说是均匀的。

为了验证自己的猜想，伽利略做了很多实验。当时只能靠滴水计时，因为落体下落得太快导致计时困难，这样的计时工具不能测量自由落体运动所用的时间。伽利略采用了一个巧妙的方法，用来"冲淡"重力。他让铜球沿阻力非常小的斜面滚下，斜面的角度可以调节，从而控制小球运动的时间，使之更容易测量(如图1-27)。经过几百次实验,结果表明,小球沿斜面滚下的运动是匀加速直线运动。小球沿斜面向下的运动并不是落体运动,但是,伽利略将上述结果做了合理的推理:当斜面倾角很大时,小球的运动不是跟落体运动差不多了吗?如果斜面的倾角增大到90°(如图1-28),这时小球的运动不就是自由落体运动了吗?这时小球仍会保持匀加速运动的性质,而且所有物体下落时的加速度都是一样的。

图1-27　伽利略在做铜球沿斜面运动的实验(油画)

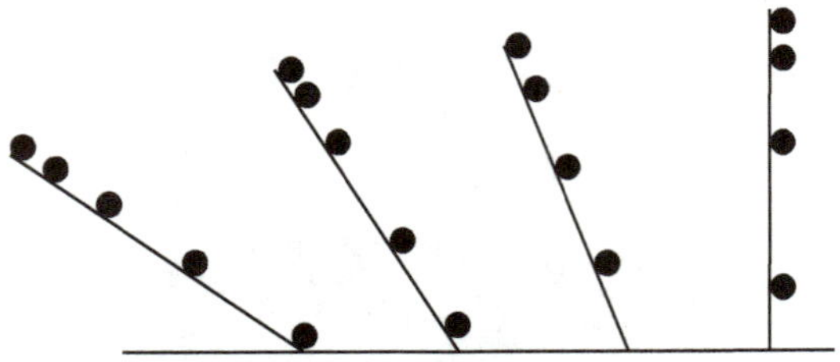

图1-28　伽利略对实验的推理

伽利略的逻辑推理和实验验证自然使人钦佩,但是人们又疑惑地问道:为什么日常生活中常会见到较重的物体下落得比较快呢?伽利略把原因归之于空气阻力对不同物体的影响不同。他写道:"如果完全排除空气的阻力,那么,所有物体将下落得同样快。"这时,落体运动也就真正成为自由落体运动了。为此,伽利略特别指出,在科学研究中,懂得忽略什么,有时与懂得重视什么同等重要。

伽利略对运动的研究,不仅确立了许多用于描述运动的基本概念,而且创造了一套对近代科学的发展极为有益的方法。这些方法的核心是把实验和逻辑推理(包括数学演算)和谐地结合起来,从而发展了人类的科学思维方式和科学研究方法。

伽利略之前的科学踯躅于泥途荒滩,因而千年徘徊。从伽利略开始,大师辈出,经典如云,近代科学的大门从此打开了。

伽利略在人类思想解放和文明发展的过程中做出了划时代的贡献,因此,他是科学革命的先驱,也可以说是"近代力学之父""近代科学之父"。

【思考和讨论】

物体的重量在地球上不同的地方相同吗,为什么?

【问题与练习】

1. 最早建立速度、加速度概念的是(　　)。

　A. 伽利略　　B. 牛顿　　C. 亚里士多德　　D. 笛卡尔

2. 确立自由落体运动正确结论的是(　　)。

　A. 伽利略　　B. 牛顿　　C. 亚里士多德　　D. 笛卡尔

第五节　抛体运动

一、曲线运动

到目前为止，我们只研究了物体沿着一条直线的运动，还没有涉及运动方向的改变。实际上，在自然界中，曲线运动随处可见。运动员掷出的铅球是沿着曲线运动的；发射出的导弹在空中是沿着曲线运动的；汽车拐弯时的运动是曲线运动；地球、月球、人造地球卫星沿轨道的运动是曲线运动。

1. 曲线运动的速度方向

曲线运动与直线运动的明显区别是，曲线运动中速度的方向是时刻改变的。怎样确定做曲线运动的物体在任意时刻速度的方向呢？

我们先来观察一些常见的现象。在砂轮上磨刀具，可以看到刀具与砂轮接触处有火星沿砂轮的切线方向飞出（如图1－29），这些火星是从刀具与砂轮接触处擦落的炽热的微粒。由于惯性，它们以被擦落时具有的速度做直线运动。因此，火星飞出的方向就表示砂轮上跟刀具接触处的质点的速度方向。

图1－29　砂轮

运动员掷链球时，链球在运动员的牵引下做曲线运动。一旦运动员放手，链球即刻飞出。放手的时刻不同，链球飞出的方向也不一样，但都沿着圆周的切线方向。

可见，曲线运动中速度的方向是时刻改变的，质点在某一点（或某一时刻）的速度方向是曲线在这一点的切线方向。

我们知道，速度是矢量，既有大小，又有方向，不论速度的大小是否改变，只要速度的方向发生改变，就表示速度发生了变化，也就是具有了加速度。曲线运动中速度的方向时刻在改变，所以曲线运动是变速运动。

2. 物体做曲线运动的条件

【演示】

一个在水平面上直线运动的铁球，从旁侧给它一个力，例如在铁球运动路线的旁边放一块磁铁（如图1－30），观察铁球的运动。

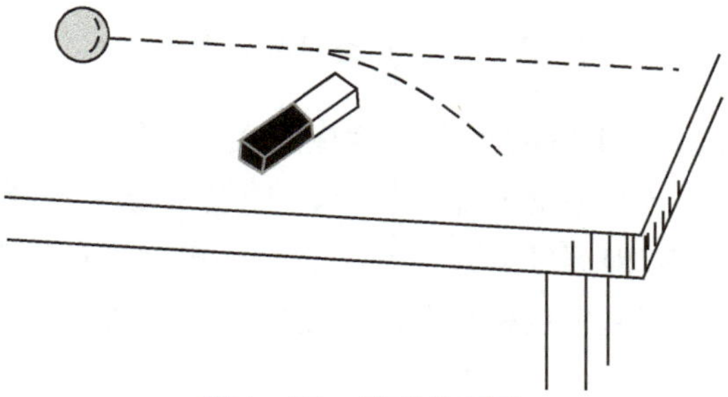

图1－30　铁球的运动

物体做曲线运动的条件是：如果合力的方向跟速度的方向不在同一条直线上，产生的加速度的方向也跟速度的方向不在一条直线上，这时合力不但可以改变速度的大小，而且可以改变速度的方向，物体就做曲线运动。

二、抛体运动

以一定的速度将物体抛出，在空气阻力可以忽略的情况下，物体所做的运动叫作抛体运动。掷出的铅球、扔出的石块，它们的运动都是抛体运动。那么，抛体运动有什么特点呢？

（1）在忽略空气阻力的情况下，抛体在空中运动时只受重力作用。

（2）抛体的初速度不等于零。也就是说物体要被抛出去，必须具备一定的速度。

根据抛体的初速度的方向，我们将不同的抛体分别命名为平抛运动、斜抛运动、竖直上抛运动或竖直下抛运动。前两个抛体运动轨迹是曲线，后两个抛体运动轨迹是直线。下面我们重点讨论平抛运动和斜抛运动。

1. 平抛运动

将物体以一定的初速度沿水平方向抛出，忽略空气阻力的影响，物体只在重力作用下的运动，叫作平抛运动。击打桌子上的小球，使它以一定的水平初速度离开桌面，小球离开桌面后所做的运动就是平抛运动。在平抛运动中，物体受到与速度方向不在同一条直线上的重力作用，所以做曲线运动。

平抛运动可以分解为水平方向和竖直方向上的两个分运动。从分析知道，在水平方向上物体不受力，物体由于惯性而做匀速直线运动，速度等于平抛运动的初速度。在竖直方向上物体受到重力作用，并且初速度等于零，物体做自由落体运动。情况是不是这样呢？我们来看看下面的实验。

【实验】

平抛运动在竖直方向上的运动规律

如图 1－31 所示：两个完全相同的小球 A 和 B，B 球被一个弹性金属片紧紧夹住，A 球放在金属片的前方，当用小锤打击金属片时，A 球水平弹出，同时放开 B 球，使其自由下落，这样，两个小球从同一高度、同时开始运动，A 球做平抛运动，B 球做自由落体运动，仔细观察两球是否同时落地。改变打击力度和下落高度，分别观察 A、B 两球是否同时落地，若同时落地，说明了什么？

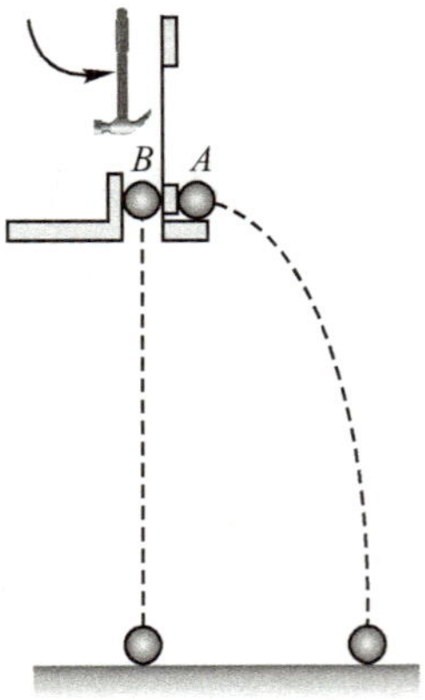

图 1－31　研究平抛运动

实验表明，打击金属片的力越大，A 球的水平速度也越大，它飞出的水平距离就越远。但是，无论 A 球的初速度大小如何，也无论两球开始距地面高度如何，A 球总是与 B 球同时落地。所以说，平抛运动在竖直方向上是自由落体运动，水平方向速度的大小并不影响平抛物体在竖直方向上的运动。至于平抛运动物体的射程，则由初速度的大小和抛出点距地面的高度两个因素决定。

2. 斜抛运动

斜抛运动也可以看作是两个运动的合运动：一个是水平方向的匀速直线运动，另一个是竖直方向的竖直上抛运动（或竖直下抛运动）。斜抛运动还有另外一种分解方法：一个是物体由于惯性沿初速度方向上的匀速直线运动，另一个是在重力作用下在竖直方向产生的有一定初速度的落体运动。

对于做斜抛运动的物体来说，在抛射角不变的情况下，初速度越大，射程也就越远；在初速度不变的情况下，射程随抛射角而变化，抛射角为45°时射程最大。

需要指出的是，在上面关于平抛运动和斜抛运动的探究中，前提是假设抛体的速度较小而忽略空气阻力的影响，它们的运动轨迹叫作抛物线。实际上，当抛体的速度较大时，空气阻力的影响就不能忽略不计，这时抛体的轨迹就不是抛物线了。例如，以一定的角度射出的某炮弹，如果不计空气阻力，其理论射程可达 24 km，但由于空气阻力的影响，其实际射程远小于 24 km，其运动轨迹叫作弹道曲线（如图 1 – 32）。

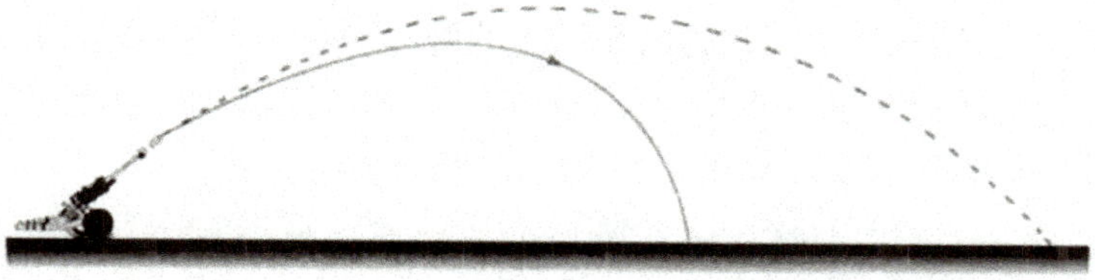

图 1 – 32　弹道曲线

【思考和讨论】

飞机向灾区空投救灾物资时，要考虑风速、风向，还要考虑飞行高度，说一说这是什么道理。

【问题与练习】

以相同初速度同时沿水平方向抛出两个小球，一个抛出点离地面较高，一个抛出点离地面较低，哪个落地点的距离较远，为什么？

第六节　物体的平衡

一个物体可以处于不同的运动状态，其中力学的平衡状态比较常见，而且很有实际意义。如桥梁、起重机、建筑物等，都需要保持平衡状态。那么，什么是物体的平衡状态？物体在什么条件下才能处于平衡状态呢？

一、共点力作用下物体的平衡

桌上的书、屋顶的灯，虽然都受到力的作用，但仍保持静止。火车车厢虽然受到重力、支持力、牵引力、阻力的作用，但仍可能做匀速直线运动。如果一个物体在力的作用下保持静止或匀速直线运动状态，我们就说这个物体处于平衡状态。

受共点力作用的物体，在什么条件下才能保持平衡呢？牛顿第二定律告诉我们，当物体所受合力为零时，加速度为零，物体将保持静止或匀速直线运动状态。因此，在共点力作用下物体的平衡条件是合力为零。

掌握共点力的平衡条件，在日常生活和工程技术中有着极为重要的意义。如火箭在发射台上的安放，如果受力不满足平衡条件就可能造成事故。

二、有固定转轴物体的平衡

1. 转动平衡

力可以使物体发生转动。物体转动时，它的各点都沿圆周运动，圆周的中心在同一直线上，这条直线叫作转动轴。门、砂轮、机器的飞轮、电动机的转子等，都是有固定转动轴的物体。初中讲过的各种杠杆也属于有固定转动轴的物体，它们都能绕转动轴发生转动。一个有固定转动轴的物体，在力的作用下，如果保持静止（或匀速转动）状态，我们称这个物体处于转动平衡状态。

2. 力矩

力越大，力对物体的转动作用就越大，但是力对物体的转动作用，不仅跟力的大小有关，而且跟力和转动轴之间的距离有关。在离转动轴较近的地方推门，用比较大的力才能把门推开；在离转动轴较远的地方推门，用比较小的力就能把门推开。用手直接拧螺帽，不能把它拧紧；用扳手来拧，就容易拧紧了。可见，力越大，力和转动轴之间的距离越大，力的转动作用就越大。

力和转动轴之间的距离，即从转动轴到力的作用线的距离，叫作力臂。如图1－33表示有两个力 F_1 和 F_2 作用在杠杆上，杠杆的转动轴过 O 点垂直于纸面，L_1 是 F_1 对转动轴的力臂，L_2 是 F_2 对转动轴的力臂。力 F 和力臂 L 的乘积叫作力对转动轴的力矩，用 M 表示力矩，则有：

$$M = FL$$

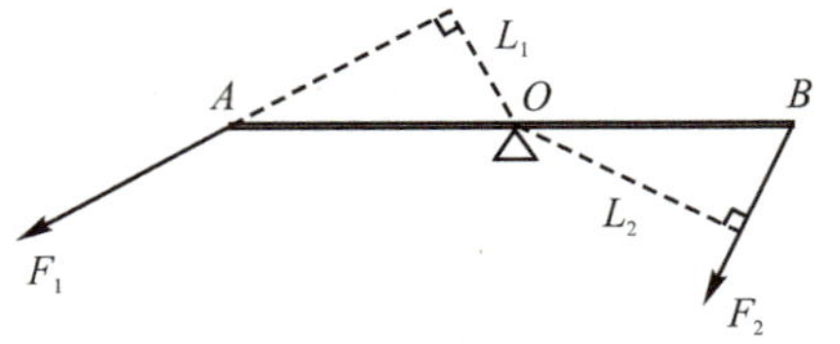

图1－33　力臂

力对物体的转动作用决定于力矩的大小，力矩越大，力对物体的转动作用越大。力为零，力矩也为零，显然不会使物体发生转动。力不为零，只要力臂为零，这个力对物体就不会有转动的作用。

力矩的单位是由力和力臂的单位决定的。在国际单位制中，力矩的单位是牛·米，符号是N·m。

3. 力矩的平衡

力矩可以使物体向不同的方向转动，如图1－33所示中力 F_1 的力矩 M_1 使杠杆向逆时针方向转动，力 F_2 的力矩 M_2 使杠杆向顺时针方向转动。如果这两个力矩的大小相等，杠杆就保持平衡，这是我们在初中学过的杠杆平衡条件，是力矩平衡的最简单的情形，那么力矩平衡的一般条件是什么呢？

下面我们用实验来寻求这个条件。

【实验】

如图1－34所示的圆盘可以绕通过中心 O 并垂直于盘面的轴转动。使圆盘在力 F_1、F_2 和 F_3 的力矩作用下处于平衡状态。量出这三个力的力臂 L_1、L_2 和 L_3，分别计算使圆盘向顺时针方向转动的力矩 $M_1 = F_1 \times L_1$，$M_2 = F_2 \times L_2$ 和使圆盘向逆时针方向转动的力矩 $M_3 = F_3 \times L_3$。看看有什么规律。

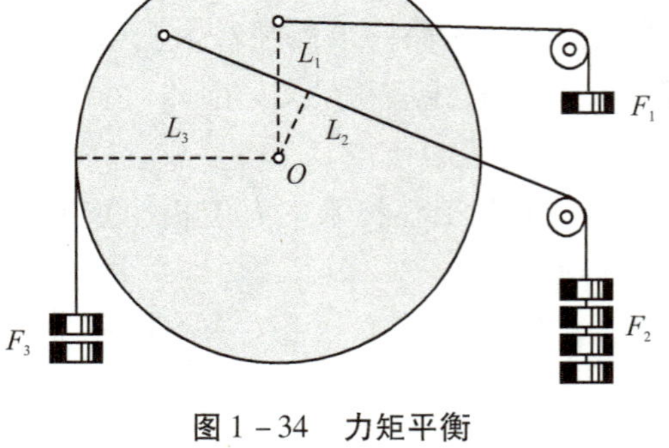

图1－34　力矩平衡

可以发现,使圆盘向顺时针方向转动的力矩之和等于使圆盘向逆时针方向转动的力矩之和,即:

$$M_1 + M_2 = M_3$$

改变力的大小和作用点,再做这个实验,可以得到同样的结果。实验表明,如果有多个力矩作用在有固定转动轴的物体上,当所有使物体向顺时针方向转动的力矩之和等于所有使物体向逆时针方向转动的力矩之和时,物体将保持转动平衡。

力矩不仅有大小,而且有方向。如果把使物体向逆时针方向转动的力矩规定为正力矩,使物体向顺时针方向转动的力矩规定为负力矩,则上述结果可表述为:有固定转动轴的物体的平衡条件是力矩的代数和等于零。用公式表示为:

$$M_1 + M_2 + M_3 + \cdots = 0$$

作用在物体上几个力的合力矩为零的情形叫作力矩的平衡。

三、平衡的种类和稳度

1. 平衡的种类

你看过高空走钢索表演吗(如图1-35)? 你玩过不倒翁吗? 钢丝上的杂技演员、儿童玩过的不倒翁都是在重力和支持力的作用下处于平衡状态,但是钢丝上的演员稍有不慎就会摔下来,不倒翁扳倒后却会自动立起来。可见,平衡也是有区别的。那么平衡有哪些种类呢?

图1-35　高空走钢索表演

如果照图1-36那样,把木条一端的小孔套在水平轴 O 上,把木条从平衡位置稍微移开一点,重心 C 的位置升高,重力对轴 O 的力矩就会使它回到原来的平衡位置,这种平衡叫作稳定平衡。

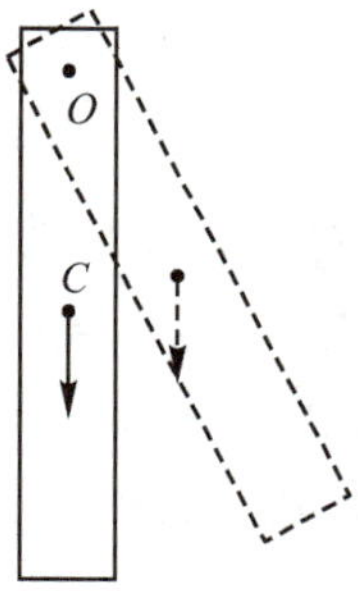

图1-36　稳定平衡

如图1-37所示,木条的重心恰好在水平轴的正上方,木条处于平衡状态。如果由于某种外界因素,木条稍微偏离了平衡位置,重心 C 的位置降低,重力对轴 O 的力矩就会使它继续远离平衡位置,这种平衡叫作不稳定平衡。

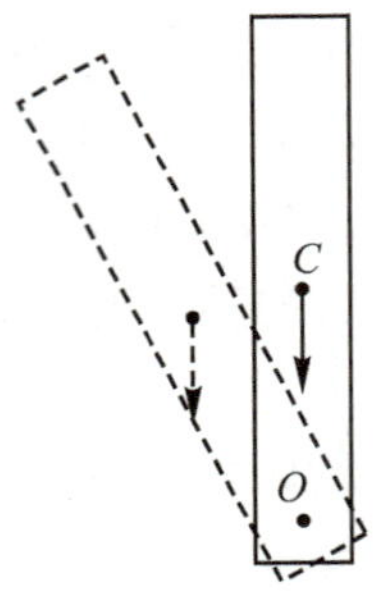

图 1－37　不稳定平衡

如果照图 1－38 那样，把木条重心 C 处的小孔套在轴 O 上，这时无论你把木条放在什么位置，它都能保持平衡。这是因为重心 C 的位置没有改变，重力对轴 O 的力矩不变的缘故。这种平衡叫作随遇平衡。

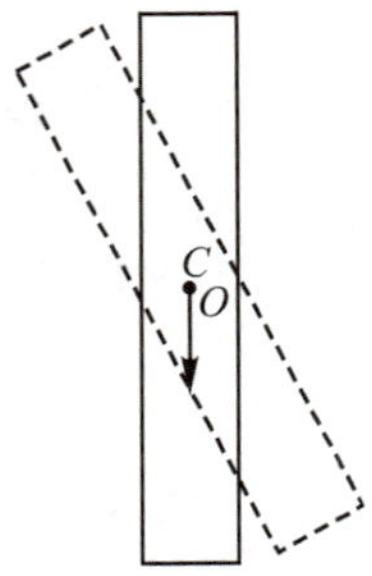

图 1－38　随遇平衡

可见，物体在重力和支持力作用下的平衡可以分为稳定平衡、不稳定平衡和随遇平衡。物体稍微偏离平衡位置，如果重心升高，就是稳定平衡；如果重心降低，就是不稳定平衡；如果重心的高度不变，就是随遇平衡。

不倒翁的底部是较重的泥块，上部是空的，竖立的时候重心位置最低，无论怎样扳动它，它的重心都要升高，所以总会自动立起来。

钢丝上的杂技演员常能通过自身的调整处于不稳定平衡，正是凭借这种难以掌握的高超技艺，才赢得了观众的掌声。

机器上高速旋转的部件，如电动机的转子、汽轮机的叶轮，都必须调整到随遇平衡，不然运转起来就会产生振动，使机器损坏。

2. 稳度

平放的砖和竖放的砖都处于稳定平衡，稍微离开平衡位置，重心都升高，但是它们的稳定程度不同。竖放的砖容易翻倒，而平放的砖不容易翻倒。我们把物体的稳定程度叫作稳度。

如图 1－39 可以看出，平放的砖重心低、底面积大，只有使它偏转很大的角度，它的重力作用线才会超出支持面，使砖向外翻倒。竖放的砖重心高、底面积小，只要偏转不大的角度，重力作用线就会超出支持面，使砖翻倒。可见，物体的重心越低，底面积越大，稳度越大。

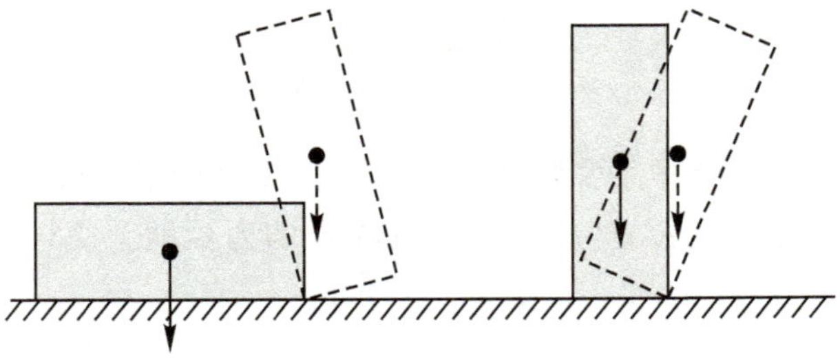

图 1－39　稳度

增大物体的稳度有重要的实际意义。为了增大物体的稳度，既可以增大底面的面积，也可以降低重心的高度，还可以同时增大底面面积和降低重心的高度。实验用的天平安置在一个底面面积较大而又较重的底座上，照相机安放在支面相当大的三脚架上，高压输电线的铁塔有一个很大的支持面，越野汽车和拖拉机车轮之间的宽度较大，都是为了增大物体的稳度。

【思考和讨论】

小汽车和面包车哪个更稳定，为什么？

【问题与练习】

俗话说“秤砣虽小压千斤”，这是什么道理？

第七节　圆周运动

物体沿圆周运动是一种常见的曲线运动。日常生活中圆周运动随处可见。电风扇转动时叶片上的每一点都在做圆周运动；田径场弯道上赛跑的运动员做圆周运动；汽车通过环岛时做圆周运动；翻滚过山车通过环形轨道时做圆周运动（如图 1 - 40）；游乐场的旋转飞椅做圆周运动。行星绕太阳的运动，电子绕原子核的运动，都是按圆周运动的规律来讨论的。在圆周运动中，最简单的是匀速圆周运动。

图 1 - 40　翻滚过山车

质点沿圆周运动，如果在任意相等的时间内通过的弧长相等，这种运动叫作匀速圆周运动。

怎样描述匀速圆周运动的快慢呢？

【讨论】

如图 1 - 41 所示：时钟的时针、分针和秒针上的质点，都在做圆周运动，谁运动的快呢？你是依据什么标准来判断的？同一根指针上距转轴远近不同的点的运动快慢又如何呢？是否它们的某种运动速度还相同呢？

图 1 - 41　时针、分针和秒针哪个转的快

一、线速度和角速度

在前面的讨论中，同学们可能出现了不同的意见，为什么会出现不同的意见呢？因为，到目前为止，关于圆周运动还没有同学们认可的描述方法。

做匀速圆周运动物体的快慢可用运动物体通过的弧长 s 跟所用时间 t 的比值来描述，这个比值叫作匀速圆周运动的线速度，用符号 v 来表示，则有：

$$v = \frac{s}{t}$$

某点线速度的方向就是圆周上该点的切线方向，如快速旋转雨伞时，雨滴沿切线方向飞出。

在匀速圆周运动中，物体在各个时刻的线速度的大小都相等，而线速度的方向是在不断变化的，因此，匀速圆周运动是一种变速运动。这里的“匀速”是指速度的大小不变，准确地说应称作匀速率圆周运动。

匀速圆周运动的快慢也可以用物体沿着圆周运动时转过的圆心角 φ 跟所用时间 t 的比值来描述，这个比值叫作角速度，用 ω 表示，则有：

$$\omega = \frac{\varphi}{t}$$

角速度的单位是由角的单位和时间的单位决定的。在国际单位制中，角的单位是弧度，时间的单位是秒，所以角速度的单位是弧度每秒，符号是 rad/s。

二、周期和频率

匀速圆周运动是一种周期性的运动。做匀速圆周运动的物体运动一周所用的时间叫作周期，用符号 T 来表示。周期长表示物体运动得慢，周期短表示物体运动得快。在国际单位制中，周期的单位是秒，符号是 s。

做匀速圆周运动的物体每秒转过的圈数叫作频率，用符号 f 表示。频率高表示物体运动快，频率低表示物体运动慢。频率的单位是赫兹，符号是 Hz。

频率和周期互为倒数：

$$f = \frac{1}{T} \quad \text{或} \quad T = \frac{1}{f}$$

三、向心力

做圆周运动的物体为什么不沿直线飞走而沿着圆周运动？那是因为它受到了一个力的作用。你可以用手抡一个被绳子系着的物体，使它做圆周运动，感受一下这个拉力的存在（如图 1－42）。

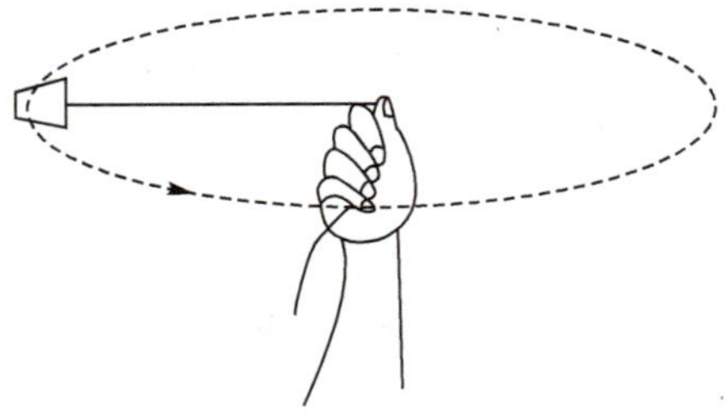

图 1－42 抡起来

【思考和讨论】

从前面的学习我们知道，物体在不受力作用时做匀速直线运动，而做圆周运动的物体的速度方向时刻在变化，那么，做圆周运动的物体一定受到力的作用，这个力沿什么方向呢？请分析以下事例，你得到什么启发？

1. 地球绕太阳做匀速圆周运动(近似的),地球受到什么力的作用?这个力沿什么方向(如图1-43)?

图1-43　地球绕太阳运动

2. 在光滑的桌面上,一个具有速度的小球由于受到细绳的牵引绕桌面上的图钉做匀速圆周运动(如图1-44),小球受到细绳的拉力沿什么方向?

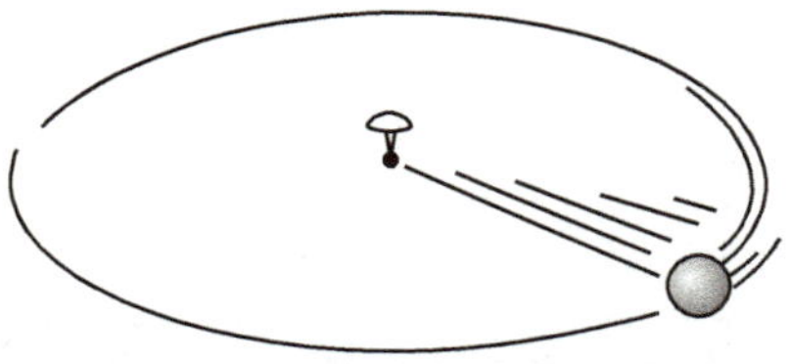

图1-44　小球做圆周运动

从以上的事例中我们可以得出结论,做圆周运动的物体,总受到沿着半径指向圆心的力的作用,所以我们把这个力叫作向心力。

应该强调的是,向心力并不是像重力、弹力、摩擦力那样作为具有某种性质的力来命名的,它是根据力的作用效果命名的。

向心力的大小与哪些因素有关呢?

实验表明:向心力的大小与物体的质量 m、运动半径 r 和速度 ω 或 v 有关。精确的实验证明它们的关系是:

$$F = mr\omega^2 \quad \text{或} \quad F = m\frac{v^2}{r}$$

四、离心现象

在生活中我们常会遇到这样一些现象:舞蹈演员在表演旋转动作时,裙子会张开;满载沙子或石子的卡车,在急转弯时,一些沙子或石子会被甩出。这些现象都表明,做圆周运动的物体,必须受到足够大的向心力作用,如果提供的向心力不足或者突然失去向心力,物体就不能再沿着原来的圆周运动而逐渐远离圆心,这种现象叫作离心现象(如图1-45)。

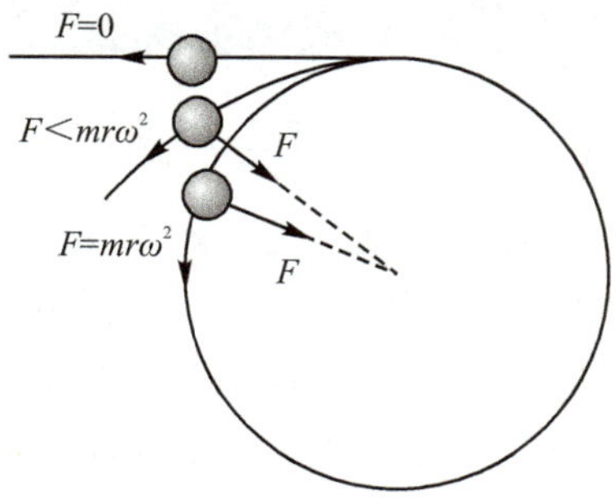

图1-45　离心现象

离心现象在生产技术和科学研究中有很多应用。例如，洗衣机脱水时利用离心现象，把附着在衣服上的水分甩掉。

在炼钢厂中，把熔化了的钢水浇入圆柱形的模子，模子沿圆柱的中心轴线高速旋转，钢水由于离心运动趋于周壁，冷却后就形成了无缝钢管。

离心运动也会带来危害。在水平公路上行驶的汽车，急转弯时，如果车轮和地面之间的静摩擦力不足以提供它做圆周运动的向心力，汽车将做离心运动而造成交通事故。因此，在公路转弯处，车辆要减速行驶。我们骑自行车急转弯时容易摔倒，也是这个道理。

高速转动的砂轮、飞轮等，都不得超过允许的最大转速。转速过高时，砂轮、飞轮内部分子间的相互作用力不足以提供所需向心力，离心运动会使它们破裂，酿成事故。

【思考和讨论】

翻滚过山车要保持足够的速度才能够顺利通过最高点，否则会产生“掉落”下来的感觉，这是为什么？

【问题与练习】

车辆通过弯道时要减速慢行，为什么？

第八节 行星的运动 万有引力定律

一、行星的运动

在古代，人们对于天体的运动存在着地心说和日心说两种对立的看法。地心说认为地球是宇宙的中心，是静止不动的，太阳、月亮以及其他行星都绕地球运动。地心说符合人们的直接经验。日心说则认为太阳是静止不动的，地球和其他行星都绕太阳运动。经过长期争论，日心说战胜了地心说。但其实日心说也是不够完善的，人类对于宇宙的了解还不够多，浩瀚的宇宙还有待于人们不停地探索（如图 1－46）。

图 1－46 行星的运动

无论地心说还是日心说，古人都把天体的运动看得很神圣，认为天体的运动必然是最完美、最和谐的匀速圆周运动。德国天文学家开普勒用了 20 年的时间研究了丹麦天文学家第谷的行星观察记录，发现如果假设行星的运动是匀速圆周运动，计算所得的数据与观测数据不符，只有假设行星绕太阳运动的轨道不是圆，而是椭圆，才能解释这种差别。他还发现了行星运动的其他规律。开普勒分别于 1609 年和 1619 年发表了他发现的三个规律，后人称为开普勒行星运动三定律。

（1）所有行星绕太阳运动的轨道都是椭圆，太阳处在椭圆的一个焦点上。

（2）对任意一个行星来说，它与太阳的连线在相等的时间内扫过相等的面积。

由于行星的轨道不是圆,在行星运行过程中,其与太阳的距离就在不断变化。这个定律告诉我们,当它离太阳比较近时,运行的速度较快,而离太阳较远时运行的速度较慢。

(3)所有行星的轨道半长轴的三次方跟它的公转周期的二次方的比值都相等。

如果用 a 表示椭圆轨道的半长轴,T 代表公转周期,开普勒第三定律表示为。

$$\frac{a^3}{T^2} = k$$

比值 k 是一个对所有行星都相同的常量。

开普勒关于行星运动的描述为万有引力定律的发现奠定了基础。

二、万有引力定律

开普勒定律发现之后,人们开始更深入地思考:是什么原因使行星绕太阳运动?伽利略、开普勒以及法国数学家笛卡尔都给出过自己的解释。牛顿时代的科学家,如胡克、哈雷等对这一问题的认识更进一步。胡克等人认为,行星绕太阳运动是因为受到了太阳对它的引力,甚至证明了如果行星的轨道是圆形的,它所受引力的大小跟行星到太阳距离的二次方成反比。

在总结前人研究的基础上,牛顿根据力学原理认为,行星之所以绕太阳运动,一定是受到了向心力的作用,这个向心力可能来自太阳对行星的引力,并且从理论上研究出这个引力的大小跟太阳和行星之间距离的二次方成反比,跟太阳和行星质量的乘积成正比。

牛顿还研究了月球的运动,他认为地面上的物体抛出后落向地面,是因为地球对它吸引的结果。苹果落向地面,也是因为地球对它的吸引。而月球绕地球运动所需的向心力,可能也是地球对它吸引的结果。按照这种假设,他计算了这两种情况的引力和加速度。牛顿发现这两种情况是相同的,因此,月球上的物体并没有特殊的地方,也遵循同样的力学规律。

牛顿进一步把这个规律推广应用到探索自然界中任意两个物体之间作用力的研究中,由此他提出了科学史上最伟大的定律之一——万有引力定律。此定律于 1687 年发表在牛顿的传世之作《自然哲学的数学原理》中。

万有引力定律表述为:自然界中任何两个物体都是互相吸引的,引力的大小跟这两个物体的质量的乘积成正比,跟它们之间距离的二次方成反比,引力的方向在它们的连线上。

如果用 m_1 和 m_2 表示两个物体的质量,用 r 表示它们之间的距离,那么万有引力定律可以表示为:

$$F = G\frac{m_1 m_2}{r^2}$$

式中的 G 叫作引力常量。这个公式适合于任何两个物体(包括天体)。

牛顿得出了万有引力与物体质量及它们之间距离的关系,但却无法计算出两个天体之间万有引力的大小,因为他无法知道 G 的值。一百多年以后,英国物理学家卡文迪许,在实验室里通过几个铅球之间万有引力的测量,比较准确地得出了 G 的数值。在国际单位制中,质量的单位用 kg,距离的单位用 m,力的单位用 N。引力常量就是:

$$G = 6.67 \times 10^{-11}\ \mathrm{N \cdot m^2/kg^2}$$

引力常量是自然界中少数几个最重要的物理常量之一。

应用万有引力定律,人们可以计算出天体的质量;还通过计算发现了未知天体,比如,海王星就是这样被发现的。

万有引力定律的发现,是 17 世纪自然科学最伟大的成果之一。它把地面上物体运动的规律和天体运动的规律统一了起来,对以后物理学和天文学的发展具有深远的影响。它第一次揭示了自然界中一种基本相互作用的规律,在人类认识自然的历史上树立起一座里程碑。

万有引力定律的发现,在科学文化的发展史上也有重要的意义。在牛顿时代以前,人们认为天体的运动隐藏着不可认识的规律。牛顿的出色工作使人们建立了信心,人们有能力理解天地间的各种事物。这种信心解放了人们的思想,在科学文化的发展上起到了积极的推动作用。

三、宇宙航行

1. 人造卫星

地球对周围的物体有引力的作用，因此抛出的物体都要落回地面。但是，抛出的初速度越大，物体就会飞得越远。牛顿在思考万有引力的时候就曾经设想，从一座高山上用不同的初速度水平抛出物体，速度一次比一次大，落地点也一次比一次远，当速度足够大时，物体就永远不会返回地面，它将围绕地球做圆周运动，成为一颗人造地球卫星（如图 1－47）。

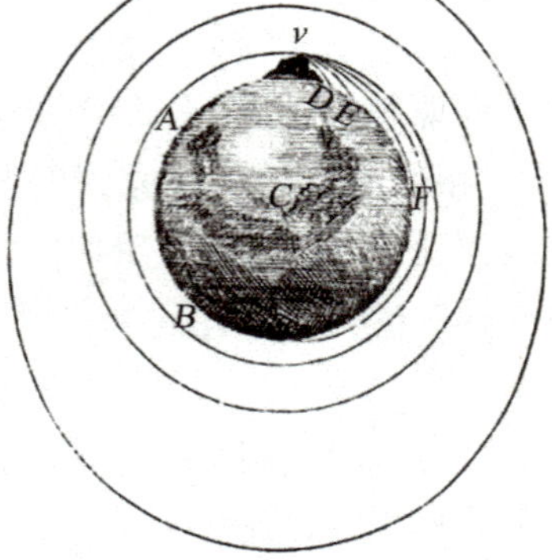

图 1－47　牛顿人造卫星设想图

2. 宇宙速度

人造卫星绕地球旋转的速度到底有多大呢？下面我们来计算一下。设地球和卫星的质量分别为 M 和 m，卫星到地心的距离为 r，卫星绕地球运动的速度为 v。卫星运动所需的向心力是由万有引力提供的，所以：

$$\frac{mv^2}{r} = G\frac{Mm}{r^2}$$

由此可以得出：

$$v = \sqrt{\frac{GM}{r}}$$

近地卫星在距地球 100 km 左右的高空飞行，与地球半径 6 400 km 相比，完全可看作是在“地球附近”飞行，可以用地球半径 R 代替卫星到地心的距离 r。把数据代入上式可得

$$v = \sqrt{\frac{6.67 \times 10^{-11} \times 5.98 \times 10^{24}}{6.40 \times 10^{6}}}\ \text{m/s} = 7.9\ \text{km/s}$$

这就是人造卫星在地面附近绕地球做匀速圆周运动所必须具有的速度，叫作第一宇宙速度，也叫作环绕速度。

如果人造卫星进入地面附近的轨道速度大于 7.9 km/s，而小于 11.2 km/s，它绕地球运动的轨迹就不是圆形，而是椭圆（如图 1－48）。当物体的速度大于 11.2 km/s 时，它就会脱离地球引力的束缚，不再绕地球运动，我们把这个速度叫作第二宇宙速度，也叫作脱离速度。

达到第二宇宙速度的物体还受到太阳的引力。要想使物体挣脱太阳引力的束缚，飞到太阳系以外的宇宙空间去，必须使它的速度大于 16.7 km/s，这个速度叫作第三宇宙速度，也叫作逃逸速度。

这三个速度的数值都很大，要得到这样大的速度需要多级火箭。

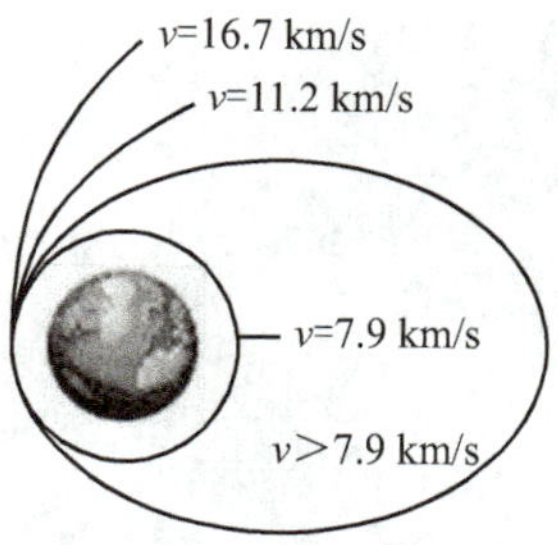

图 1-48　宇宙速度

3. 宇宙航行

探索宇宙的奥秘，奔向广阔而遥远的太空，都是人类自古以来的梦想。牛郎织女这个古老而美丽的神话故事在中国几乎人人皆知，它反映了古人对星际航行的渴望；嫦娥奔月的故事则是人类最早的登月梦想。

俄罗斯学者齐奥尔科夫斯基指出，利用喷气推进的多级火箭，是人类实现太空飞行的最有效的工具。他的这个观点为人类提供了迈向太空的科学思想。

1957 年 10 月 4 日，世界上第一颗人造地球卫星在苏联发射成功。

1961 年 4 月 12 日，苏联空军少校加加林登上了"东方一号"载人飞船。飞船绕地球飞行一圈，历时 108 分钟，然后重返大气层，安全降落在地面，铸就了人类进入太空的历史丰碑。

1965 年，苏联宇航员列昂诺夫和美国宇航员怀特实现太空行走。

1969 年 7 月 16 日，阿波罗 11 号飞船在美国卡纳维拉尔角点火升空，拉开了人类登月这一伟大历史事件的帷幕。7 月 19 日，飞船进入月球轨道。7 月 20 日，指挥长阿姆斯特朗和驾驶员奥尔德林进入登月舱，与母船分离后于下午 4 时 17 分在月面着陆（如图 1-49）。10 时 56 分，阿姆斯特朗小心翼翼地踏上月面，并且说出了永载史册的一句话："对个人来说，这不过是小小的一步，但对人类而言，却是巨大的飞跃。"人们祝贺说："由于你们的成功，天空已成为人类世界的一部分。"

图 1-49　阿波罗 11 号

1992 年，我国载人航天工程正式启动。2003 年 10 月 15 日 9 时，我国神舟五号宇宙飞船在酒泉卫星发射中心成功发射，把我国第一位宇航员杨利伟送入太空。飞船绕地球飞行 14 圈后，于 10 月 16 日 6 时 23 分安全降落在内蒙古主着陆场。这次成功的发射，实现了中华民族千年的飞天梦想，标志着我国成为世界上第三个能够独立开展载人航天活动的国家。2005 年 10 月 12 日～17 日，我国又成功发射了神舟六号载人飞船，实现了从"一人一天"到"多人多天"航天飞行的重大跨越。2012 年 6 月 18 日，神舟九号飞船与天宫一号实施自动交会对接，这是我国实施的首次载人空间交会对接。2013 年 6 月11 日～26 日，神舟十号飞船在太空飞行 15 天，与天宫一号目标飞行器进行自动和手动交汇对接（如图 1-50），航天员进入天宫实验舱进行短暂的有人照管科学实验，并开展科普讲课等天地互动。这意味着我国载人飞船天地往返运输系统已经建成，未来我国航天将进入空间站时代。

图 1－50 天宫一号和神舟十号对接

尽管人类已经跨入太空，登上月球，但是，相对于宇宙之浩瀚，地球和月球不过是茫茫宇宙中的两粒尘埃；相对于宇宙之久长，人类历史不过是宇宙年轮上小小的一道刻痕……宇宙留给人们的思考和疑问是深邃而广阔的。宇宙有没有边界？有没有起始和终结？这些问题等待着智慧和勇敢的人们去回答。

【阅读园地】

航天事业改变着人类的生活

20 世纪人类最伟大的创举之一是开拓了太空这一全新活动的领域。人类冲破了大气层的阻拦，摆脱了地球引力的束缚，实现了在太空翱翔的梦想。不仅如此，更具现实意义的是它给人们带来了先进技术和无尽资源，成为推动社会发展的强大动力。

卫星通信和卫星广播已经不是新鲜事，通过卫星实现越洋通话、实时收看世界各地发来的电视新闻，已经成了人们基本生活的一部分。

天气预报的质量正在悄悄地提高，准确率和预报时段都攀上了新的台阶。这里，气象卫星功不可没。“静止”在赤道上空的同步气象卫星把广阔视野内的气象数据发回地面，3 颗同步卫星就可以形成一条南北纬 50°之间的全球观测带。再配合几颗纵穿地球两极的极轨卫星，就能形成全球气象卫星观测系统，为天气预报提供全面、及时的气象资料。电视台天气预报节目中的卫星云图已使我们充分感受到气象卫星的威力。

卫星引起了船舶、飞机导航技术的重大变化。利用全球卫星定位系统（GPS）导航的各种汽车已经奔驰在道路上。

地球资源卫星是探测地球资源的最迅速、最有效、最经济的工具，它应用于勘测海洋和水利资源、调查地下矿藏、监视自然灾害、观测环境污染等方面。卫星对地观测技术将对我国西部开发的整体规划和监控发挥重要作用。

在世界各国发射的航天器中，军用卫星占了总数量的三分之二以上。军用卫星已经成为指挥系统和武器系统的重要组成部分，侦察卫星、军用通信卫星、军用导航卫星以及空中预警飞机构成了现代防务的“神经中枢”。

航天器所到达的空间是一种崭新的环境资源。由于失重现象，航天器是一个微重力实验室，在这样的条件下，可以研制高纯度大单晶、超高纯度金属，进行各种物理、化学、生物、医学等学科的研究。

太空环境的另一个特点是高强度的辐射。由于没有大气层的阻挡，航天器受到来自太空的各种高能粒子的轰击。这一方面对宇航员造成威胁，需要防范；另一方面，可以诱导生物基因的变异，受辐射的植物种子就有可能变为具有优良性状的新品种。我国通过返回式卫星搭载稻种培育的高产稻“航育一号”，已经大面积推广；青椒新品种“卫星 87－2”，平均果重较原种提高 70%。人类已经开始享受太空育种的优质农产品。

航天，几十年前还是梦想，如今正在不知不觉地改变着我们的生活。

【思考和讨论】

"八大行星"按照距离太阳从近到远，排列顺序是怎样的？为什么人类要首先探测火星？

【问题与练习】

1. 总结出万有引力定律的是(　　)。
   A. 牛顿　　B. 伽利略　　C. 胡克　　D. 哈雷
2. 历史上第一次使用望远镜进行科学观察的学者是(　　)。
   A. 伽利略　　B. 亚里士多德　　C. 开普勒　　D. 布鲁诺
3. 下列飞船中，与天宫一号完成首次载人对接任务的是(　　)。
   A. 神舟九号　　B. 神舟十号　　C. 神舟七号　　D. 神舟八号
4. 下列科学家中，第一个计算出彗星运行轨迹的是(　　)。
   A. 哈雷　　B. 牛顿　　C. 伽利略　　D. 布鲁诺

第九节　物体的振动　共振

一阵微风吹来，池塘里的浮萍会上下浮动，树木的枝条也会左右摇摆。蜜蜂、蜻蜓等昆虫在飞行时，它们的翅膀很快地上下抖动。孩子们荡秋千时的来回运动，人走路时两只胳膊会自然地、有节奏地前后摆动。这些常见的运动都有一个共同的特点，即物体(或物体的一部分)在某一中心位置附近做往复运动，这种运动叫作机械振动，简称振动。振动现象在自然界中广泛存在，与我们的生活密切相关，例如，一切发声的物体都在振动，地震是大地的剧烈振动。

许多做振动的物体，其运动情况十分复杂，所以我们研究物体的振动时从最简单、最基本的振动——简谐振动入手。

一、简谐振动

【演示】

弹簧振子的振动

如图 1－51 所示，把一个有孔的小球装在弹簧的一端，弹簧的另一端固定，小球穿在光滑的水平横杆上，可以在水平横杆上自由滑动。小球和水平横杆之间的滑动摩擦忽略不计，弹簧的质量比小球的质量小得多，也可以忽略不计。这样的系统称为弹簧振子，其中的小球称为振子。

振子静止在 O 点时，弹簧没有发生形变，对振子没有弹力的作用，O 点是振子的平衡位置。把振子拉到 C 点，然后放开，仔细观察弹簧振子的振动情况。

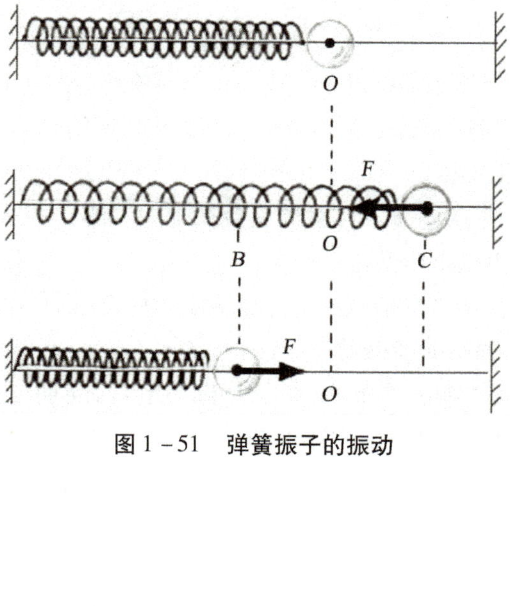

图 1－51　弹簧振子的振动

由实验可以看到，振子以 O 点为中心在水平横杆上做往复运动，振子由 C 点开始运动，经过 O 点运动到 B 点，由 B 点再经过 O 点回到 C 点，且距离 OC 等于 OB。此后，振子不停地重复这种往复运动。

下面我们来分析一下振子的受力情况。

振子在振动的过程中，所受的重力和支持力平衡，对振子的运动没有影响。影响振子运动的只有弹簧的弹力。这个力的方向跟振子偏离平衡位置的位移方向相反，大小跟振子偏离平衡位置的位移大小成正比，且总是指向平衡位置，它的作用是使弹簧振子总能返回平衡位置，所以这个力叫作回复力。做振动的物体正是受到了回复力的作用，才在平衡位置附近不停地做往复运动。

物体在跟位移大小成正比，并且总是指向平衡位置的回复力作用下的振动，叫作简谐振动。

简谐振动是最简单、最基本的机械振动。

1. 振幅

振动的物体总是在一定的范围内运动的。振动物体离开平衡位置的最大距离，叫作振动的振幅。在图 1－51 中，OC 或 OB 的大小就是振幅。振幅是描述振动强弱的物理量。

2. 周期和频率

机械振动是一种周期性运动。在图 1－51 中，如果从振子向右通过 O 点的时刻开始计时，它将运动到 C，然后向左回到 O，又继续向左运动到达 B，之后又向右回到 O。这样一个完整的振动过程称为一次全振动。不管从哪里作为开始研究的起点，弹簧振子完成一次全振动的时间总是相同的。

振动物体完成一次全振动所需要的时间，叫作振动的周期。单位时间内完成全振动的次数，叫作振动的频率。

在国际单位制中，周期的单位是秒，符号为 s。频率的单位为赫兹，简称赫，符号为 Hz。

周期和频率都是描述振动快慢的物理量。周期越小，频率越大，表示振动越快。用 T 表示周期，用 f 表示频率，则有：

$$f=\frac{1}{T} \quad 或 \quad T=\frac{1}{f}$$

【实验】

振动周期和频率跟振幅的关系

在图 1－51 所示的装置中，将弹簧振子分别拉开不同的位置，让其在平衡位置 O 附近做振动，分别记下振子振动 30 次所需要的时间。

实验结果表明，弹簧振子的振动周期或频率是由其自身的性质决定的，跟振幅的大小无关。所以，物体在自由状态下的振动周期或频率，分别叫作固有周期或固有频率。如一面锣、一根绷紧的弦、一座桥梁、一幢建筑物都具有它们各自的固有周期和固有频率。

二、单摆

如图 1－52 所示，在细线的下端拴一个小球，另一端固定在悬点上。如果悬挂小球的细线的伸缩和质量可以忽略，球的直径与线的长度相比也可以忽略，空气等产生的阻力也可以忽略，那么，这样的装置就叫作单摆。单摆是一种理想化模型。

拉开摆球，使它偏离平衡位置，然后放开，摆球就会在重力和绳子拉力的作用下，沿着以平衡位置为中心的圆弧做往复运动，这就是单摆的振动。

实际中的单摆的振动和简谐振动相差较远，但理论证明单摆在摆角小于 5°（现在一般认为是小于 10°）的条件下摆动时，可近似认为是简谐振动。

北京天文馆大厅里的单摆的周期有几十秒；屋顶悬挂的电灯，周期往往不到 1 秒。哪些因素影响着单摆的周期呢？是振幅还是摆锤质量或者是摆长？实验探索一下吧。

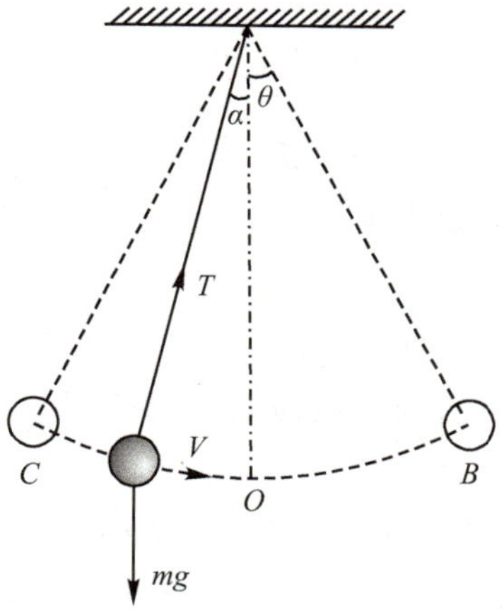

图 1－52　单摆的振动

【实验】

影响单摆周期的因素

1. 如图 1－53 所示，取一个摆长为 1 m 的单摆，在摆角很小（如 10°左右）的情况下，测出它振动一定次数（如 30 次）所用的时间，算出单摆的周期。改变其摆角，使其更小，同样的方法测出单摆的周期。

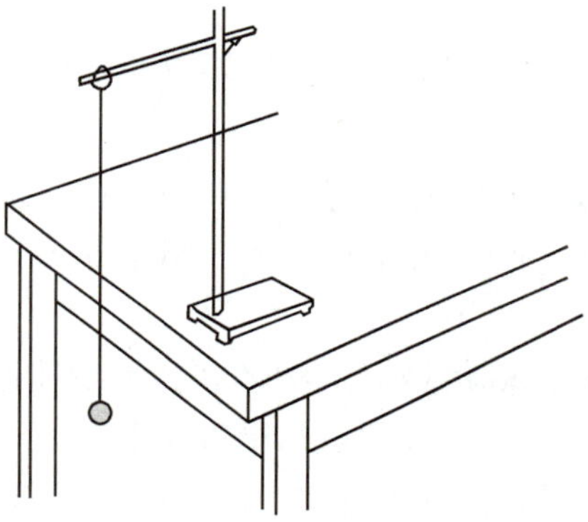

图 1－53　研究单摆的周期

2. 不改变摆线的长度，改变摆锤的质量，再次测出单摆的周期。与第一步测得的结果比较。

3. 改变摆线的长度（如长度变为原来的$\frac{1}{2}$，$\frac{1}{4}$），再次测出单摆的周期。与上面测得的结果比较。

通过实验我们发现，当单摆的振幅改变时，单摆的周期却没有改变。事实上，只要保持足够小的摆角，无论怎样改变一个单摆的振幅，其周期都不会改变。单摆做简谐运动的周期跟振幅无关的这种性质叫作单摆的等时性。这是伽利略首先发现的。同时，单摆的周期和摆锤的质量也没有关系。单摆的周期与摆长有关，摆长越长，周期越长。

荷兰物理学家惠更斯曾经详尽地研究过单摆的振动，发现单摆做简谐振动的周期 T 与摆长 l 的二次方根成正比，与重力加速度 g 的二次方根成反比，而与振幅、摆球质量无关。惠更斯确定了计算单摆周期的公式

$$T = 2\pi\sqrt{\frac{l}{g}}$$

惠更斯利用单摆的等时性制成了世界上第一座摆钟，解决了当时人类计时的难题，使人类进入了一个计时的新时代。

由于实验中可以准确地测出单摆的周期和摆长，所以利用单摆能够测出各地的重力加速度。

三、外力作用下的振动

做简谐振动的物体受到的回复力，是振动系统内部的相互作用力。如果振动系统不受外力的作用，此时的振动叫作固有振动。如果振动系统受到外力作用，它将如何运动呢？

1. 阻尼振动

振动系统最常见的外力是摩擦力或其他阻力。当系统受到阻力的作用时，我们说振动受到了阻尼。系统克服阻尼的作用要做功，消耗机械能，因而振幅减小，最后停下来。这种振幅逐渐减小的振动，叫作阻尼振动（如图 1－54）。

振动系统受到的阻尼越大，振幅减小得越快。阻尼过大时，系统不能发生振动。阻尼越小，振幅减小得越慢，当阻尼很小时，在不太长的时间内看不出振幅有明显的减小，于是可以把它当作简谐振动来处理。

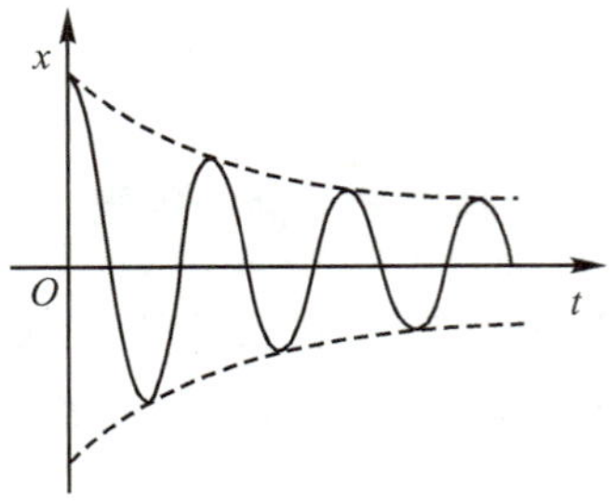

图 1－54　阻尼振动

2. 受迫振动

在外力使弹簧振子和单摆的摆球偏离平衡位置后，它们就在系统内部的重力和弹力的作用下做振动，不再需要外力的推动，这种振动叫作自由振动。由于阻尼是不可避免的，所以这种振动最终会停下来。

但是，如果用周期性的外力作用于振动的物体，物体就会不断地振动下去，这种振动叫作受迫振动。维持受迫振动的周期性外力叫作驱动力。搭在船舷和岸边的木板，当人从上边走过时做的振动就是受迫振动（如图 1－55）；挂在汽车中的小饰品在汽车行进中的摆动是受迫振动；洗衣机的外壳在洗衣机工作时的振动是受迫振动；机器底座在机器运转时做的是受迫振动；扬声器发声时纸盆的振动是受迫振动……你还能说出一些受迫振动的例子吗？

图 1－55　木板的受迫振动

【实验】

自由振动和受迫振动

1. 如图 1－56 所示，用手拉弹簧下的小锤，让其做自由振动，仔细观察其周期。

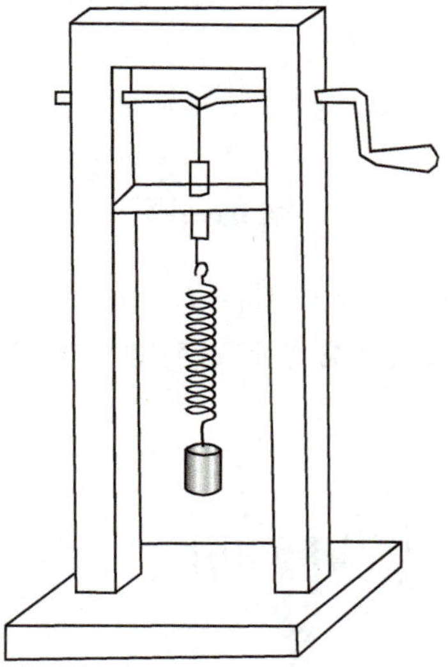

图 1－56　研究受迫振动的周期

2. 用手匀速转动手柄，给弹簧振子以驱动力，使振子做受迫振动，仔细观察其周期。

3. 以不同的速度转动手柄，仔细观察振子振动的快慢，看有无变化。

实验表明，振子做受迫振动时，振动稳定后的周期总等于驱动力的周期。或者说，受迫振动稳定后的频率总等于驱动力的频率，跟物体的固有频率无关。

3. 共振

虽然物体做受迫振动的频率跟物体的固有频率无关，但如果驱动力的频率和物体的固有频率十分接近或者相等时会怎么样呢？

【实验】

研究摆的共振

如图 1－57 所示，在一根张紧的绳子上挂几个摆，其中 A、B、C 的摆长相等，D 的摆长最长，E 的摆长最短。让 A 摆振动起来，通过张紧的绳子给其余各摆施加驱动力，使其余各摆做受迫振动。仔细观察 A、B、C、D、E 各摆的振动情况。

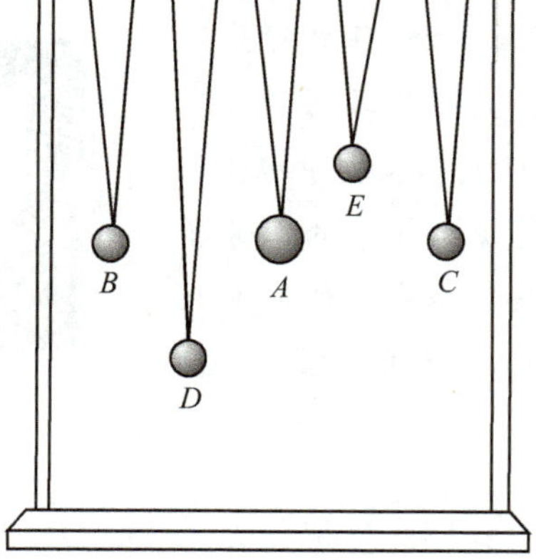

图 1－57　研究摆的共振

思考：A、B、C 三个摆的摆长相同，它们的固有周期和固有频率是什么关系？

实验表明，B 摆和 C 摆的振幅最大。当驱动力的频率跟物体的固有频率相等时，受迫振动的振幅最大，这种现象叫作共振。

4. 声音的共鸣

我们知道，一切发声的物体都在振动，当一种与发声物体的频率相同的声音传来时会发生什么现象呢？

【实验】

声音的共鸣

1. 如图 1－58 所示，取两个频率相同的音叉 A 和 B，相隔不远并排放在桌子上，打击音叉 A，使它发声。稍等片刻，再用手按住音叉 A 的叉股，使它停止发声，这时还可以听到音叉的声音。

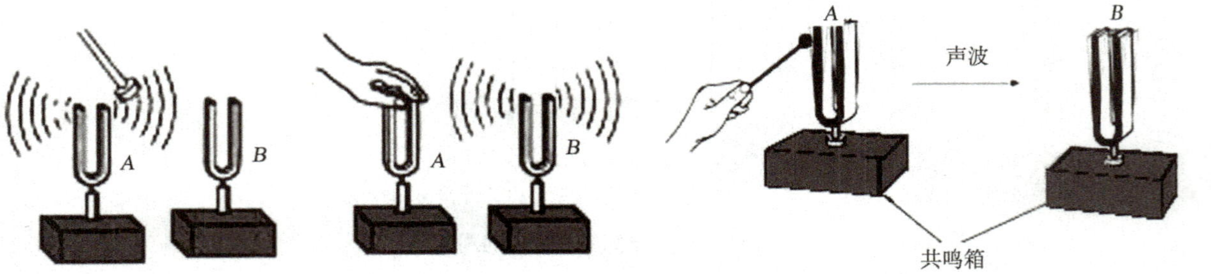

图 1－58　音叉

2. 在音叉 B 的叉股上套上一个套管，再重做上面的实验，就听不到声音了。

你知道这是为什么吗？试着解释一下。

原来，音叉 A 的叉股被敲响时，产生振动，这种振动通过空气给音叉 B 以周期性的驱动力，这两个音叉的频率相同，所以驱动力的频率与音叉 B 的固有频率相等，于是音叉 B 发生了共振，发出了声音。声音的这种共振现象叫作共鸣。在 B 的叉股上套上套管后它的固有频率改变了，就不会发生共鸣了。

音叉下面的空箱叫作共鸣箱，可以使音叉的声音加强。实验中两个音叉间振动的传播，主要是通过共鸣箱来传播的。

【阅读园地】

微波炉

利用微波炉中的微波来烹饪食物现在已经很普及了，由于微波烹饪具有加热快、节能、不污染环境、保鲜度好等优点，微波炉被广泛推广应用。微波炉是根据共振的原理制成的。微波炉的微波频率是2 450 MHz，而食物中水分子的固有频率大约就是这个数值。微波使食物中的水分子做受迫振动，由于驱动力的频率十分接近水分子的固有频率，使水分子发生共振，振幅达到最大，振动能量最大，使食品很快升温（如图 1－59）。

图 1－59　微波炉

【人物小传】

惠更斯

克里斯蒂安·惠更斯(1629—1695 年,如图 1－60),荷兰物理学家、天文学家、数学家和发明家,是历史上最著名的物理学家之一,是近代自然科学的重要开拓者之一。

图 1－60　惠更斯

惠更斯在天文学方面有着很大的贡献。他设计制造的光学和天文仪器精巧超群,如磨制了透镜,改进了望远镜与显微镜,惠更斯目镜至今仍然采用。惠更斯利用自己研制的望远镜进行了大量的天文观测,发现了土星光环,还发现了土星的卫星以及猎户座星云。

光学方面,惠更斯在 1690 年出版的《光论》一书中正式提出了光的波动说,打破了当时流行的光的微粒学说,建立了著名的惠更斯原理。后经菲涅耳的发展和补充,创立了“惠更斯—菲涅耳原理”,较好地解释了光的衍射现象。

对单摆的研究是惠更斯所完成的最出色的物理学工作。多少世纪以来,时间测量始终是摆在人类面前的一个难题。当时的计时装置诸如日规、沙漏等均不能在原理上保持精确。直到伽利略发现了单摆的等时性,惠更斯研究确认了单摆振动的等时性并把它用于计时器上,制成了世界上第一架计时摆钟,人类才进入一个新的计时时代。在研制摆钟时,惠更斯还进一步研究了单摆的运动,确定了单摆振动的周期公式。

1663 年,惠更斯当选为英国皇家学会会员。1666 年,法国皇家科学院成立,他当选为会员。惠更斯是荷兰最著名的物理学家,是英国皇家学会第一个外国会员,是法国科学院唯一的外国院士。

【思考和讨论】

举例说出共振在生活中的应用和危害。

【问题与练习】

1. 首先发现单摆等时性的是(　　)。

A. 伽利略　　B. 惠更斯　　C. 爱迪生　　D. 牛顿

2. 世界上第一架计时摆钟是谁制成的(　　)。

A. 惠更斯　　B. 伽利略　　C. 牛顿　　D. 爱迪生

第十节　机械波

自然界中存在各种各样的波：具有极大破坏力的地震波、海洋湖泊中的水波、空气中的声波、弥漫在空中的无线电波以及光波……我们用超声波清洗眼镜，用“B 超”诊断疾病……波传递能量、携带信息。我们应该认识波，了解波的特性和规律，以便更好地利用它，并预防和减轻它造成的破坏。

一、波的形成和传递

振动的传播称为波动，简称波。而提到机械波，大家一定会想到水波。在平静的水面上投下一个小石子，水面受到石子的打击开始上下振动；水面的振动向四周传播开来，就形成了水波，过一会儿，远处的水面也开始上下振动（如图 1－61）。在水波的形成过程中，水是传播波的介质。一般来说，机械振动在介质中传播，就形成了机械波。最初振动的点叫作波源。

图 1－61　水波

如果水面上漂浮着一片树叶，仔细观察就会发现，当波传来时，树叶随着水面上下振动，但是它不会沿着波的传播方向漂去。这表明机械波只是机械振动这种运动形式在介质中的传播，介质本身不会沿着波的传播方向移动。

振动的质点具有能量。振动传播时，能量就会不断地从波源向外传播出去。因此，波是传递能量的一种方式。

波不但传递能量，而且可以传递信息。我们用语言进行交流，是利用声波传递信息。广播、电视利用无线电波传递信息，光缆利用光波传递信息。

二、横波与纵波

如图 1－62 所示，拿住绳子的一端并不断的上下抖动，就可以看到一列绳波沿着绳子传播开去。绳子可以看作是由许多质点连接而成的，每个质点都沿上下方向振动，而波从左向右传播。像绳波这样，质点的振动方向与波的传播方向相互垂直的波叫作横波。在横波中，凸起的最高处叫作波峰，凹下的最低处叫作波谷。水波也是一种横波。

如图 1－63 所示，用多条细线将弹簧水平地悬挂起来，用手有规律地推拉弹簧的左端，可以看到弹簧上产生了密集的部分和稀疏的部分，并且密集的部分和稀疏的部分相间地从左向右传播，在弹簧上形成一列波。在这个实验中，弹簧的振动方向与波的传播方向相同或相反。像这样质点的振动方向与波的传播方向在同一直线上的波叫作纵波。常见的声波是纵波（如图 1－64）。

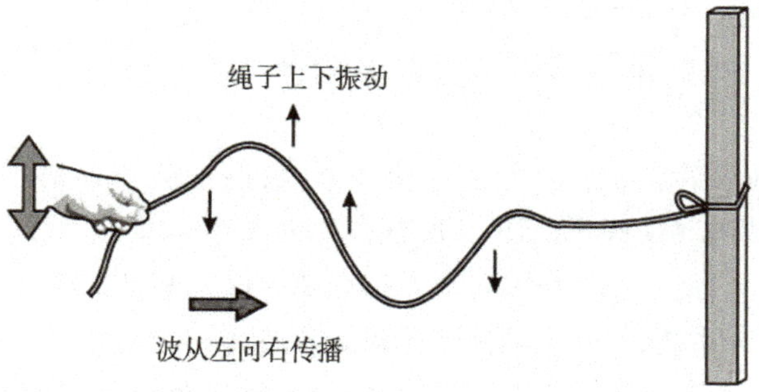

图 1-62　横波

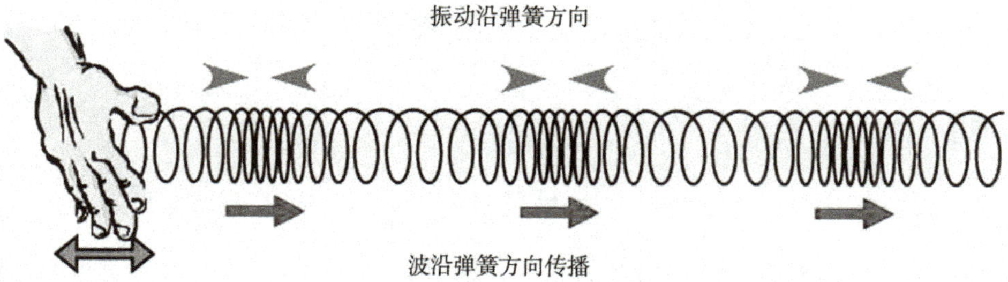

图 1-63　纵波

图 1-64　声波

三、波长、频率和波速

1. 波长

如图 1-65 所示，在横波中，相邻的两个波峰(或波谷)之间的距离总是相等的；在纵波中，相邻的两个密部(或疏部)之间的距离也总是相等的。其实，由于波动的周期性，不仅仅是波峰(或波谷)、密部(或疏部)有上述特点，相邻的每两个振动情况相同的点，它们之间的距离都相等，如图 1-65 中的 E 点和 F 点。物理学中把这个距离叫作波长，通常用 λ 表示。

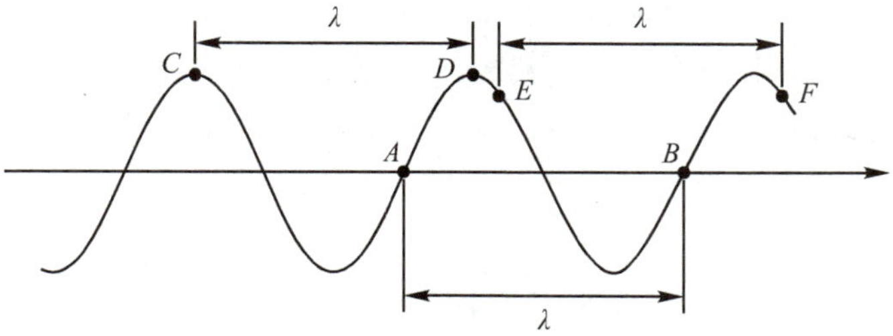

图 1-65　波长

从图 1－65 中还可以看出，距离为波长的两点之间，例如，无论 C、D 之间，还是 A、B 之间或 E、F 之间，都包括了这列波的一段完整的起伏，因此一列波可以看作是长度等于波长的一段波的不断重复。

2. 频率和波速

介质中各个质点的振动频率都等于波源的振动频率，我们把这个频率叫作波的频率。通常用字母 f 表示，单位是赫兹（Hz）。波的频率高低取决于波源的振动情况，与介质无关。所以，同一列波在不同介质中的频率是一样的。人耳能听到的声波的频率大约在 20 Hz～20 000 Hz 之间。男低音歌唱家发出的声音可以低到 65 Hz，而女高音歌唱家发出的声音则可以高达 1 180 Hz。

波速是描述波传播快慢的物理量。因为波源振动一次，波向外传播一个波长，所以，波速 v 跟波长 λ 和频率 f 之间的关系是：

$$v = \lambda f$$

机械波在介质中的传播速度由介质本身的性质决定，跟波的频率无关。即不同频率的波在同一介质中的传播速度相同，但同一列波在不同介质中的传播速度不同。

【阅读园地】

地震波

地震时，在地球内部出现的弹性波叫作地震波。这就像把石子投入水中，水波会向四周一圈一圈地扩散一样（如图 1－66）。

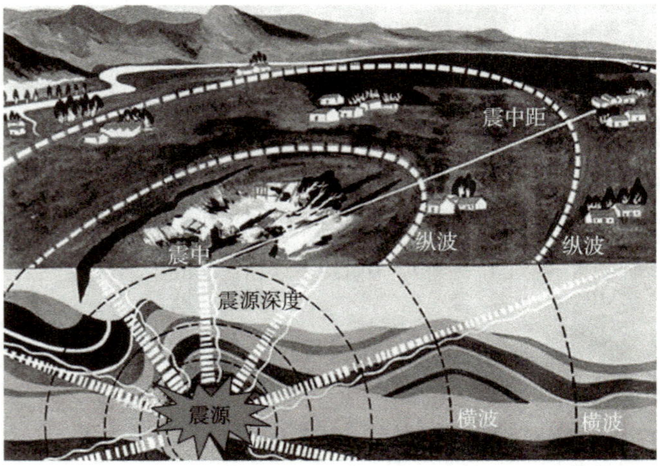

图 1－66　地震波示意图

地震波按传播方式分为纵波、横波和面波。振动方向与传播方向一致的波为纵波。纵波是推进波，在地壳中的传播速度约为 5.5～7 km/s，最先到达震中，又称 P 波，它使地面发生上下颠簸振动，破坏性较弱；振动方向与传播方向垂直的波为横波。横波是剪切波，在地壳中的传播速度约为 3.2～4.0 km/s，第二个到达震中，又称 S 波，它使地面发生前后、左右抖动，破坏性较强；面波又称 L 波，是由纵波与横波在地表相遇后激发产生的混合波，其波长大、振幅大，只能沿地表面传播，是造成建筑物强烈破坏的主要因素。

由于纵波在地球内部传播速度大于横波的传播速度，所以地震时，纵波总是先到达地表，而横波则落后一步。这样，发生较大的地震时，一般人们先感到上下颠簸，过数秒到十几秒后才感到有很强的水平晃动。这一点非常重要，因为纵波给我们一个警告，告诉我们造成建筑物强烈破坏的横波和面波马上就要到了，快点做出防备。

【思考和讨论】

波是传递能量的一种方式，这种性质有什么应用？

【问题与练习】

想一想，如果遭遇地震，应该如何防护？

第十一节　声学现象

我们生活的世界充斥着各种各样的声音:优美的音乐、动听的歌曲、妈妈的叮嘱、老师的教诲、夏日嘹亮的蝉鸣、冬日呼啸的寒风、工厂里机器的轰鸣、建筑工地搅拌机的噪音……通过声音我们获取知识和信息。

一、声音概述

【实验】

把正在发声的闹钟放入玻璃罩中,把玻璃罩内抽成真空(如图 1－67),注意倾听声音的变化情况。然后再把空气注入玻璃罩,再次注意倾听声音的变化情况。

图 1－67　真空玻璃罩听闹钟声

实验和观察表明,声音是由物体振动产生的声波。物体的振动通过介质(气体、液体或固体)传播,并能被人或动物的听觉器官所感知的波动现象就是声音。最初发出振动的物体叫作声源。

真空不能传声。太空中没有空气,所以,宇航员们即使离得很近也要靠无线电交谈,因为无线电波在真空中也能传播。

声音在固体、液体中比在空气中传播得快。声速往往因介质种类、状态等因素而不同。在空气中传播的声速,因空气的温度、湿度、密度等不同而不同。温度越高,声速越大;湿度越大,声速越大。已知在温度为 20 ℃,干燥、无风的空气中,声速约为 343 m/s;而在 0 ℃时,声速则为 331 m/s。如果物体移动的速度超过当时空气的传声速度时,称为超音速。

一般的声音总是包含一定的频率范围。人耳可以听到的声音的频率范围在 20 Hz 到 20 000 Hz 之间,最敏感的是 1 000 Hz～3 000 Hz 之间的声音。狗和蝙蝠等动物可以听到高达 160 000 Hz 的声音,鲸和大象则可以产生频率在 15 Hz 到 35 Hz 范围内的声音。

1. 乐音

乐音是指有规则的让人愉悦的声音。响度、音调、音色是乐音的三个主要特征,人们就是根据它们来区分乐音的。

响度是指人主观上感觉声音的大小(俗称音量),由声源的振幅和人与声源间的距离决定,振幅越大响度越大,人与声源间的距离越小,响度越大。响度的单位是分贝,符号是 dB。0 分贝刚刚引起听觉。

音调是指声音的高低(高音、低音),由声源的频率决定,频率越高音调越高。频率的单位是赫兹,符号是 Hz。

音色,又称音品,是指声音的感觉特性。不同的发声体由于材料、结构不同,发出声音的音色也就不同。发声体的振动是由多种谐音组成,其中有基音和泛音,音色的不同取决于不同的泛音。每一种乐器、不同的人以及所有能发声的物体发出的声音,除了一个基音外,还有许多不同频率的泛音伴随,正是这些泛音决定了其不同的音色,使人能辨别出是不同的乐器甚至不同的人发出的声音。每一个人即使说相同的话也有不同的音色,因此可以根据其音色辨别出是不同的人。

声音是由发声的物体振动产生的,当其整体振动时发出基音,但同时其各部分也有复合的振动,各部分振动产生的声音组合成泛音。由于部分小于整体,所有不同的泛音都比基音的频率高,但强度都相当弱,否则无法调准乐器的音调了。

需要把音色和音质区别开来。音质,一般笼统的意义是指声音的品质,但是在音响技术中它包含了三方面的内容:声音的音高,即音频的强度或幅度;声音的音调,即音频的频率或每秒变化的次数;声音的音色,即音频泛音或谐波成分。

2. 噪音

人类是生活在一个有声的环境中,通过声音进行交谈、表达思想感情以及开展各种活动。但有些声音也会给人类带来危害。例如,震耳欲聋的机器声,呼啸而过的飞机声等,这些为人们生活和工作所不需要的声音叫噪音。从物理学的角度看,噪音是由发声体做无规则振动时发出的声音;从环境保护的角度看,凡是干扰人们正常工作、学习和休息的声音,以及对人们要听的声音起干扰作用的声音都是噪音。

噪音的判断还与人们的主观感觉和心理因素有关,即一切不希望存在的干扰声都叫噪音。例如,在某些时候、某些情绪条件下,音乐也可能是噪音。

环境噪音的来源有四种:一是交通噪音,包括汽车、火车和飞机等产生的噪音;二是工厂噪音,如鼓风机、汽轮机、织布机和冲床等产生的噪音;三是建筑施工噪音,像打桩机、挖土机和混凝土搅拌机等发出的声音;四是社会生活噪音,如高音喇叭发出的过强声音。

二、声音的反射和吸收

一般来说,当声波从一种介质传递到另一种介质时,声波的一部分被反射;一部分透过物体继续传播,称为透射;一部分由于物体的振动,或声音在物体内部传播时介质的摩擦或热传导而被损耗,称为声波的吸收。

声波在行进中遇到障碍物,无法穿越而返回原介质的现象,称为反射,这种声波反射现象也称为回声。如果回声到达人耳比原声晚 0.1 s 以上,人耳能把回声跟原声区分开;如果不到 0.1 s,回声和原声混在一起,听不到回声,但可以使原声加强。在屋子里谈话比在旷野里听起来响亮,就是这个缘故。轰隆隆的雷声是由于声波在云层、山岳和地面间多次反射造成的。在空旷的大房子里说话,也会因多次反射而感到余音绕梁。对着山崖呼喊,声音被山崖反射回来传入耳朵,我们就听到了回声。

声吸收是指声波在介质中传播或在界面反射过程中,能量逐渐减少,从而造成声波随传播距离而衰减的现象。造成声吸收的原因主要是介质的黏滞性、热传导性等,使声波的机械能不可逆地转化为内能。

由于声吸收的客观存在,在研究声学现象时不能不引起普遍关注。例如对大型厅堂中频率在 1 000 Hz以上的声音,空气的声吸收常会成为决定室内混响时间的重要因素。

在房间中,声音会很快充满各个角落,因此,将吸声材料放置在房间任何表面都有吸声效果。吸声材料吸声系数越大,吸声面积越多,吸声效果越明显。可以利用吸声天花板、吸声墙板、空间吸声体等进行吸声降噪。

三、声音的衍射

在水波的传播途中,放上一个较小的障碍物,如插一根细木棍或放上一个小木块,或带小孔的隔板,可以看到水波可以绕过这些小的障碍物而继续传播,好像这些障碍物并不存在。波绕过障碍物继续传播的现象叫作波的衍射(如图 1－68)。声波也可以像水波一样发生衍射。俗话说“隔墙有耳”(如图 1－69),就是因为声波能够绕过墙头继续传播,所以隔墙的人也能听到。研究表明,只有缝或孔的尺寸跟波的波长相差不多,或者更小时,才能发生明显的衍射现象。

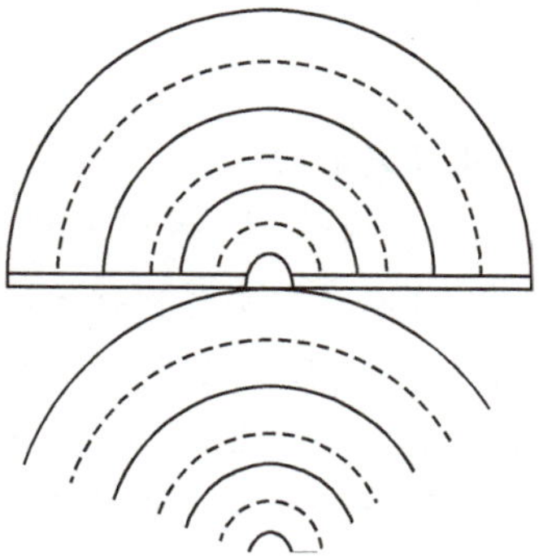

图 1－68　波的衍射

图 1－69　隔墙有耳

一切波都能发生衍射。衍射是波特有的现象。

四、声音的干涉

当两列频率相同的波传来时，介质中的质点要同时参与两种振动。有一些区域，这两种振动的叠加使得这里的质点的振动加强；在另一些区域，这两种振动的叠加使得这里的质点的振动削弱，如图 1－70 所示是水波的干涉。声波的干涉现象与水波的干涉现象是一样的。如果在操场上安装两个相同的扬声器，播放相同的声音，在操场上来回走动，可以发现，在某些地方听到的声音大，在另一些地方听到的声音小，这就是声音的干涉现象。

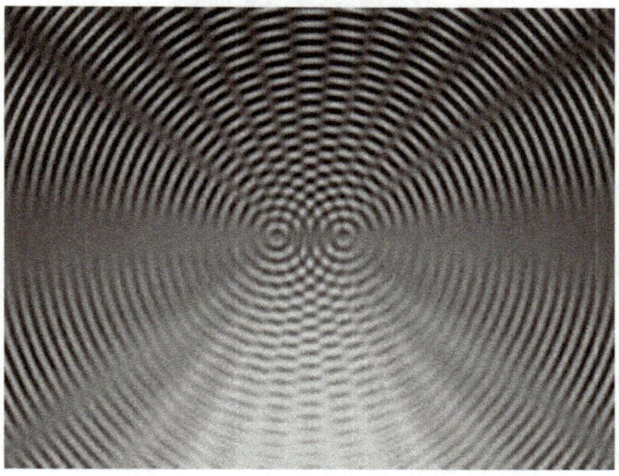

图 1－70　水波的干涉波纹

跟衍射一样，干涉也是波所特有的现象。

【阅读园地】

多普勒效应

同学们可能注意过这样的现象：当一辆汽车响着喇叭从你身边疾驰而过的时候，喇叭的音调会由高到低，好像汽车驶来的时候唱着音符“i”，离开的时候就唱音符“7”了。1842 年，奥地利物理学家多普勒带着女儿在铁道旁散步时就注意到了类似的现象，他经过认真的研究，发现波源与观察者互相靠近或者互相远离时，接收到的波的频率都会发生变化，并且做出了解释。人们把这种现象叫作多普勒效应。

多普勒效应在科学技术中有着广泛的应用。交通警察向行进中的车辆发射频率已知的超声波，同时测量反射波的频率，根据反射波频率变化的多少就能知道车辆的速度。装有多普勒测速仪的监视器可以安装在公路上方，在测速的同时把车辆牌号拍摄下来，并把测得的速度自动打印在照片上。

医生向人体内发射频率已知的超声波，超声波被血管中的血流反射后又被仪器接收，测出反射波的频率变化，就能知道血流的速度。这种方法俗称“彩超”，可以检查心脏、大脑和眼底血管的病变。

回声的应用

回声测海深、测冰山的距离和敌方潜艇的方位，都是由声呐装置完成的。

现代科学技术的发展使人们掌握了许多尖端、先进的探测技术。如雷达，可以发现数百千米外的敌机；红外线望远镜，可以在夜幕中发现隐蔽的敌人；卫星遥感技术，可以在数小时内把地球表面扫描一遍；射电天文望远镜，可以观察到遥远的宇宙空间。但是为什么在水中却不采用这些先进的技术而仍然使用“落后”的声呐呢？原来，海水能吸收电磁波，雷达用不上；海水吸热能力太强，红外线技术无用武之地；水的透光能力差，而吸收光的能力却很强，光学观察设备如望远镜派不上用场，特别是深海中一片漆黑，什么也看不见。而海水的传声能力却比空气强得多，声呐技术就应运而生了。声呐机发出一束束不同频率的声音信号，再用特殊设备接收反射信号加以分析、处理，去除干扰，从而显示出目标所在的方位和距离，这样就如同安上了蝙蝠的耳朵，周围的情况就一“目”了然了。

声呐装置最初只是用于军事领域，后来，人们开始试验使用军舰上的声呐探测鱼群，不但测到了鱼群，而且还能分辨出鱼的种类和大小（如图 1－71）。人们在此基础上研制出各种鱼探机，极大地促进了渔业的发展。利用声呐还可以探测海底情况。

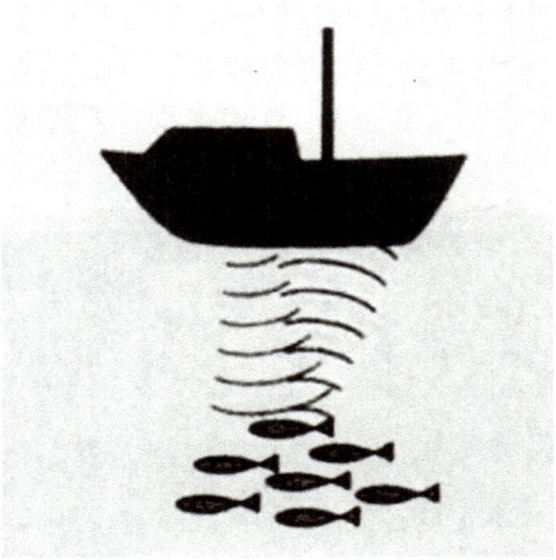

图 1－71　利用回声确定鱼群的位置

回声在地质勘探中也有着广泛的应用。例如，在石油勘探时，常采用人工地震的方法，即在地面上埋好炸药包，放上一列探头，把炸药引爆，探头就可以接收到地下不同层间界面反射回来的声波，从而探测出地下油矿。

【思考和讨论】

音乐厅、剧院的墙壁凸凹不平，为什么要这样设计？

【问题与练习】

回声有哪些方面的应用？

第十二节　次声波和超声波

人类能听到的声波的频率范围是 20 Hz ~ 20 000 Hz，低于 20 Hz 和高于 20 000 Hz 的声波都不能引起听觉。低于 20 Hz 的声波叫作次声波；高于 20 000 Hz 的声波叫作超声波。

一、次声波

1. 产生

在自然界中，海上风暴、火山爆发、大陨石落地、海啸、电闪雷鸣、波浪击岸、水中漩涡、空中湍流、龙卷风、磁暴、极光、地震等，都可能伴有次声波的发生。在人类活动中，诸如核爆炸、导弹飞行、火炮发射、轮船航行、汽车飞驰、高楼和大桥摇晃，甚至像鼓风机、搅拌机、扩音喇叭等在发声的同时，也都能产生次声波。

2. 特点

次声波的来源广、频率很低、波长很长、衍射现象明显，在传播过程中不易被空气和水吸收，不容易发生衰减。当次声波传播几千千米时，其吸收还不到万分之几，所以它比一般的声波、光波和无线电波都要传得远，能传到几千米至十几万千米以外。1883 年 8 月，南苏门答腊岛和爪哇岛之间的克拉卡托火山爆发，产生的次声波绕地球三圈，全长十多万千米，历时 108 小时。1960 年，南美洲的智利发生大地震，地震时产生的次声波传遍了全世界的每一个角落。1961 年，苏联在北极圈内新地岛进行核试验激起的次声波绕地球转了 5 圈。次声波如果和周围物体发生共振，能释放出相当大的能量。

3. 危害

次声波虽然无形，但它却时刻在产生并威胁着人类的安全。次声波是频率为 0.000 1 Hz ~ 20 Hz 的声波，人体内脏的固有频率正好处于次声波的频率范围内，如内脏为 4 Hz ~ 6 Hz，头部为 8 Hz ~ 12 Hz 等。一旦大功率的次声波作用于人体，就会引起人体强烈的共振。次声波会干扰人的神经系统的正常功能，危害人体健康。一定强度的次声波，能使人产生头晕、烦躁、耳鸣、恶心、心悸、视物模糊、吞咽困难、胃痛、肝功能失调、四肢麻木等一系列症状，严重时，可破坏大脑神经系统，造成大脑组织的重大损伤，还可使人的心脏及其他内脏剧烈抖动、狂跳，以致血管破裂，最后导致死亡。

4. 次声波在军事上的应用

自 20 世纪 60 年代起，美、法、日、俄等国已开始研制次声武器。20 世纪 90 年代，美国的一些科研机构在美国军方资助下专门研制小型化的高功率次声发生器。1995 年底美国出兵干涉波黑内战时，就曾秘密对波黑塞军阵地进行过非致命的次声攻击，据称，几秒钟就使塞军阵地陷入一片混乱，有人昏倒，有人呕吐不止。为预防劫机事件和恐怖袭击，美国技术公司研制出一种声波枪，可以发射“声波子弹”，即集束声波。威力强大的集束声波能够使劫机分子暂时失去行动能力，从而阻止劫机事件的发生，但这种声波不会对飞机本身造成丝毫损坏。

一些国家致力于高杀伤力次声炸弹的研制，尽管眼下尚处于初始研制阶段，但科学家们预言，只要次声炸弹一声爆炸，瞬息之间，在方圆十几千米的范围内，所有人都将死亡，无一能幸免。次声武器无孔不入，能够深入 15 米的混凝土和坦克钢板，人即使躲到防空洞或钻进坦克的“肚子”里，还是难逃厄运。次声炸弹与传统的枪炮不同，不使用弹药，它是靠次声波杀伤有生目标而无损于建筑物，不会造成环境污染。

二、超声波

1. 特点

与可闻声相比，超声波有两个特点：一个是可以比较容易地产生大功率的超声波；一个是它的方向性好，几乎沿直线传播。超声波的应用就是按照这两个特点展开的。

2. 应用

超声波在医学、工业、农业、军事等领域有很多应用。理论研究表明，在振幅相同的情况下，一个物体振动的能量与振动频率的二次方成正比。超声波在介质中传播时，介质质点振动的频率很高，因而能量很大，其能量比一般声波大得多。由于它频率高，波长短，衍射不明显，具有良好的定向性，工业与医学上可用于测距、测速、清洗、碎石、探伤、杀菌消毒、超声成像技术等。

医学上，应用于超声诊断与超声成像方面。自 1942 年超声技术应用于医学领域以来，超声检查已经逐渐成为诊断学领域非侵入性检查的方法之一。20 世纪 70 年代发展起来的二维 B 型超声影像技术，广泛用于妇产、泌尿、消化及心血管等系统疾病的诊断。超声波诊断仪可以检查人体的肿瘤、结石和其他病变，可以观察腹中胎儿的发育情况（如图 1－72）。D 型超声波专门用来检测血液流动和器官活动，可确定血管是否通畅、管腔是否狭窄、闭塞以及病变部位。新一代的 D 型超声波还能定量地测定管腔内血液的流量。近几年来又发展了彩色编码多普勒超声诊断系统，即“彩超”。

如果把超声波通入水罐中，剧烈的振动会使罐中的水成为许多小雾滴，再用小风扇把雾滴吹入室内，就可以增加室内的空气湿度，这就是超声波加湿器的原理（如图 1－73）。

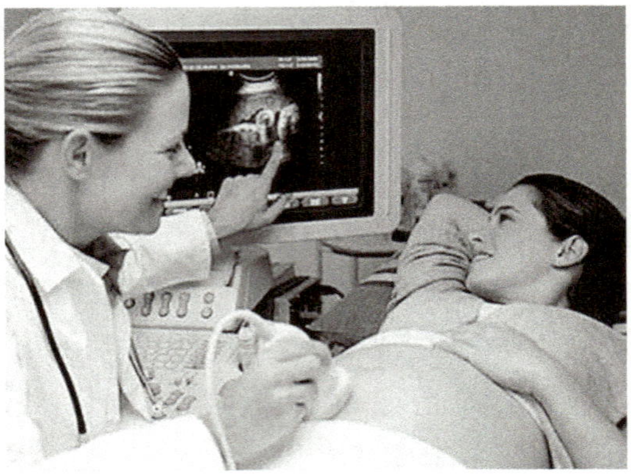

图 1－72　超声检查

图 1－73　超声波加湿器

咽喉炎、气管炎等疾病，很难利用血流使药物到达患病部位，利用加湿器的原理，把药液雾化，让病人吸入，能够提高疗效（如图 1－74）。利用超声波巨大的能量，还可以使人体内的结石（如肾结石）做剧烈的受迫振动而破碎，然后随尿液排出体外，从而减缓病痛，达到治愈的目的。

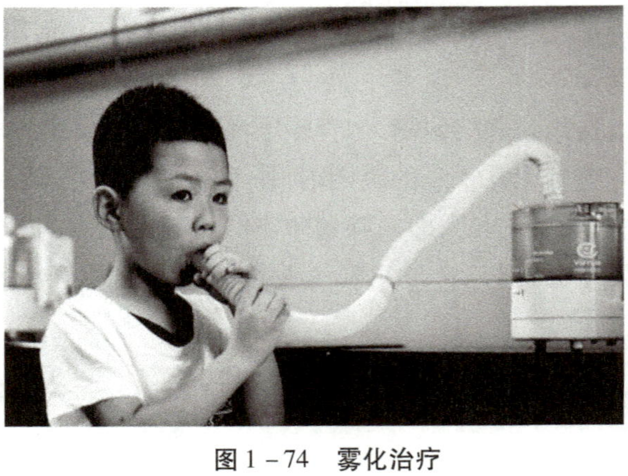

图 1－74　雾化治疗

超声波美容可以消除暗疮愈后瘢痕（结节），清除皮肤异常色素、分化色素，去除皮下斑，防止皮肤老化干燥、防皱除皱、去瘀散血，减轻眼袋和消除黑眼圈，按摩皮肤，改善肤质。

超声波可以对物品进行杀菌消毒。超声波能将一些单细胞生物完全杀死，所以，可用来对牛奶、饮料、罐头等进行消毒。用超声波消毒，温度不高，不降低食品的营养价值，也不会改变食品的味道，并且操作简单，效率也高。

超声波适用于医疗器械、实验器皿、光学器件、化工容器、机械零部件、金银首饰和珠宝玉器等的清洗，也适用于半导体晶片的高清洁度清洗。超声波清洗的效果好，清洁度高且全部工件清洁度一致，清洗速度快，效率高，不须人手接触清洗液，安全可靠。对深孔、细缝和工件隐蔽处亦可清洗干净，对工件表面无损伤，节省清洗剂、工作场地和人工。

超声波能刺激细胞分裂，可用于种子处理。在 20 世纪，就有人用超声波对菠菜和白菜种子进行实验，其实验结果显示，在对白菜种子用超声波处理 2 分钟后，其种子的发芽率为 92% ~96%，而未用超声波处理的白菜种子发芽率为 88%。在对菠菜种子用超声波处理 1 分钟后，其出土率为 85%，而未用超声波处理的菠菜种子出土率为 40%。用超声波处理的种子增产也比较显著。

超声波可用来检测金属、陶瓷、混凝土制品，甚至水库大坝，检查其内部是否有气泡、空洞和裂纹。

有趣的是很多动物具有完善的发射和接收超声波的器官。以昆虫为食的蝙蝠，视觉很差，飞行时不断发出超声波的脉冲，依靠昆虫身体的反射波来发现目标（如图 1－75）。海豚也有完善的“声呐”系统，使它能在浑浊的水中准确地确定远处小鱼的位置。

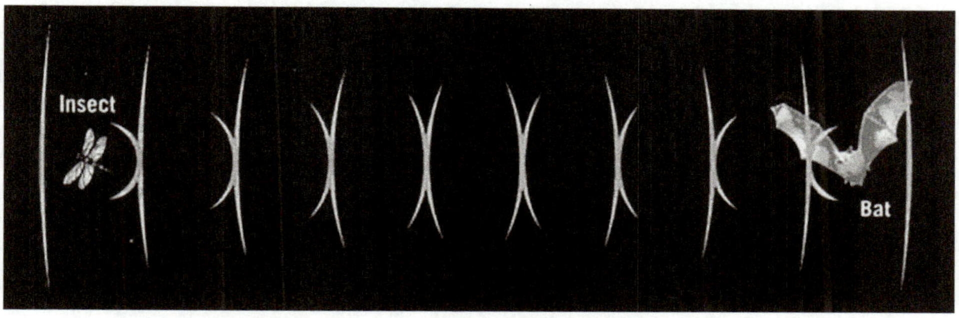

图 1－75　蝙蝠捕捉蚊子

现代无线电定位器——雷达，质量有几十、几百、几千千克，蝙蝠的超声定位系统只有几分之一克，而在一些重要性能，如确定目标方位的精确度、抗干扰能力等方面，蝙蝠远优于现代无线电定位器。深入研究动物身上各种器官的功能和构造，将获得的知识用来改进现有的设备和制造新的设备，这是近几十年来发展起来的一门新学科，叫作仿生学。

【思考和讨论】

次声波有什么特点和应用？

【问题与练习】

超声波有什么特点？举例说出超声波有哪些应用？

第二章
功和能

任何人类活动都离不开能量。例如，现代化的生活离不开电厂供应的电能；现代交通离不开燃料的化学能；核电站要利用原子核裂变时释放的核能；人类生活需要摄入食物中的化学能；植物的生长依赖太阳能……

生活经验让我们知道，高速行驶的车辆一旦发生交通事故，可能会造成巨大的损失；炮弹有强大的摧毁力；飓风、海啸、地震、陨石坠落等会给人类带来灾难；雷击可以摧毁房屋建筑；太阳可以使万物生机勃勃。

在长期的科学实践中，人类已经建立起各种形式的能量概念及其量度的方法，如动能、势能、电能、核能等，并且发现不同形式的能量可以互相转化，在转化过程中遵从能量守恒这个基本原理。

第一节　功和功率

一、功

1. 功

功的概念起源于早期工业发展的需要。当时的工程师们需要一个比较蒸汽机效能的办法。在实践中大家逐渐认识到，当燃烧同样多的燃料时，机械举起的重量与举起高度的乘积可以用来量度机器的效能，从而比较蒸汽机的优劣，并把物体的重量与其上升高度的乘积叫作功。到了 19 世纪 20 年代，法国科学家科里奥利扩展了这一基本思想，明确地把作用于物体上的力和受力点沿力的方向的位移的乘积叫作“力的功”。

一个物体受到力的作用，如果在力的方向上发生一段位移，物理学中就说这个力对物体做了功。做功有两个必要因素：作用在物体上的力和物体在力的方向上发生的位移，二者缺一不可。只有力的作用而没有物体在力的方向上发生的位移，这个力就没有做功。例如，举重运动员举着杠铃不动时，杠铃在竖直方向上没有位移，运动员对杠铃没有做功（如图 2－1）。滑冰运动员滑冰时，重力没有做功（如图 2－2）。可见，物理学中的做功和日常生活中所说的“做工”和“工作”不同。

用力拉小车，小车在拉力作用下发生了一段位移，拉力对小车做了功（如图 2－3）。用手拉橡皮筋，橡皮筋在拉力作用下发生了形变，拉力对橡皮筋做了功（如图 2－4）。

图 2－1　运动员对杠铃没有做功

图 2－2　滑冰时重力没有做功

图 2－3　拉力做了功

图 2－4　橡皮筋发生形变，拉力做了功

功的大小等于作用在物体上的力和物体在力的方向上发生的位移的乘积。用 F 表示作用在物体上的力，s 表示物体在力的方向上发生的位移，W 表示力 F 对物体做的功，则有：

$$W = Fs$$

功只有大小，没有方向。在国际单位制中，功的单位是焦耳，简称焦，符号是 J。1 J 等于 1 N 的力使物体在力的方向上发生 1 m 的位移时所做的功。

$$1\ \text{J} = 1\ \text{N} \times 1\ \text{m} = 1\ \text{N} \cdot \text{m}$$

做功是生产和生活中常见的现象。不仅人能做功，运动的物体也能做功。从斜面上滚下的钢球撞在木块上，能将木块推动一段距离，是由于钢球克服阻力做了功。飞行的子弹能打穿物体，是由于子弹克服阻力做了功。举高的物体也能做功，高空落下的冰雹，由于做功可能砸坏地上的农作物。形状变化的弹簧也能做功，钟表里被旋紧的发条慢慢地放松，从而带动指针嘀嘀嗒嗒走个不停。

2. 正功和负功

人用力推车前进时，人的推力 F 对车做正功（如图 2－5）；做减速伞训练时，伞对人的拉力 F 对人做负功（如图 2－6）。

图 2－5　推力做正功

图 2－6　拉力做负功

某力对物体做负功，往往说成“物体克服某力做功”。这两种说法的意义是等同的。例如，竖直向上抛出的球，在向上运动的过程中，重力对球做负功，可以说成“球克服重力做功”。汽车关闭发动机以后，在阻力的作用下逐渐停下来，阻力对汽车做负功，可以说成“汽车克服阻力做功”。

二、功率

1. 功率

【探索活动】

乘坐汽车时，请注意观察司机的换挡操作（如图 2－7），并注意倾听发动机的声音变化。

1. 汽车起步时用什么挡位？
2. 观察汽车加速过程中挡位变换。
3. 汽车高速行驶时用什么档位？

想一想：汽车行驶过程中为什么要适时变换挡位？

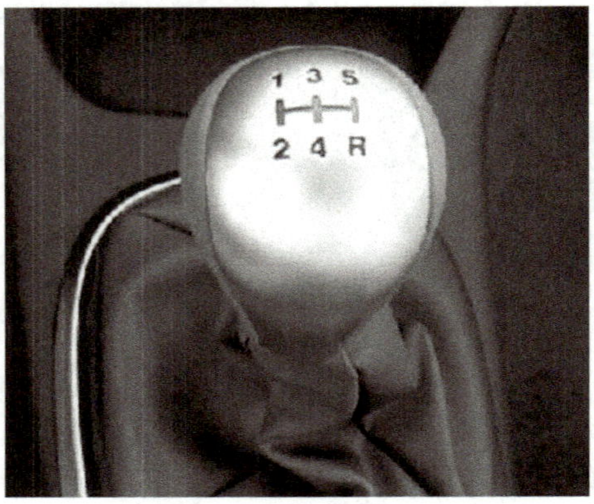

图 2－7　观察汽车换挡操作

不同物体做相同的功，所用的时间往往不同，也就是说做功的快慢并不相同（如图 2－8）。一台起重机能在 1 min 内把 1 t 的货物提到预定的高度，另一台起重机只用 30 s 就可以做相同的功。第二台起重机比第一台起重机做功快一倍。

图 2－8　挖掘机做功快

在物理学中，做功的快慢用功率表示。功 W 跟完成这些功所用时间 t 的比值叫作功率。用 P 表示功率，则有：

$$P = \frac{W}{t}$$

在国际单位制中，功率的单位是瓦特，简称瓦，符号是 W。1 W = 1 J/s。瓦这个单位比较小，技术上常用千瓦（kW）做功率的单位，1 kW = 1 000 W。

电动机、内燃机等动力机械常常标有额定功率，这是在额定转速下可以较长时间工作的输出功率。实际输出功率往往小于这个数值。例如，某汽车内燃机的额定功率是 97 kW，但在平直公路上中速行驶时，发动机实际输出的功率只有 20 kW 左右。在特殊情况下，例如越过障碍时，司机通过增大供油量可以使实际输出的功率大于额定功率，但这对发动机有害，只能工作很短时间，而且要尽量避免。

2. 功率与速度

力、位移、时间都与功率相联系，这种联系在技术上具有重要意义。

功率也可以用力和速度来表示。在作用力方向与物体位移方向相同的情况下，$W = Fs$，把此式代入功率的公式中可得 $P = \frac{Fs}{t}$，而 $\frac{s}{t} = v$，则有：

$$P = Fv$$

也就是说，力 F 的功率等于力 F 跟物体运动速度 v 的乘积。

从公式 $P = Fv$ 可以看出，汽车、火车等交通工具，当发动机的输出功率 P 一定时，牵引力 F 与速度 v 成反比，要增大牵引力，就要减小速度。所以汽车上坡的时候，司机常用换挡的方法减小速度，以获得较大的牵引力。卡车重载时，由于需要较大的牵引力，行驶速度比空载时要低。

当速度 v 保持一定时，牵引力 F 与功率 P 成正比。所以汽车上坡时，要保持速度不变，必须加大油门，增大输出功率来获得较大的牵引力。

然而，在发动机功率一定时，通过减小速度提高牵引力或通过减小牵引力而提高速度，效果都是有限的。所以，要提高速度和增大牵引力，必须提高发动机的额定功率，这就是高速火车、汽车和大型舰船需要大功率发动机的原因。

【思考和讨论】

常听人说某汽车的排量是 1.5、1.8、2.0 等，查阅资料看看这是什么意思？跟功率有什么关系？

【问题与练习】

汽车上陡坡时要降档加油，是什么道理？

第二节　多种形式的能量

我们在生活中经常提到能量，运动员在激烈运动后，我们说消耗了体能；电灯发光、电炉发热，我们说消耗了电能。能量，简称能，是物理学中的一个重要概念。功和能有着密切的联系，可以说做功的物体都具有能量。

想一想：生活中你见过哪些物体做功？你知道哪些形式的能量？

【实验】

若让小球沿图 2－9 所示轨道的斜面 A 下滑，你觉得它会滚上另一边的斜面 D 吗？观察实验，验证你的猜想。

讨论：小球为什么会滚上斜面 D 呢？

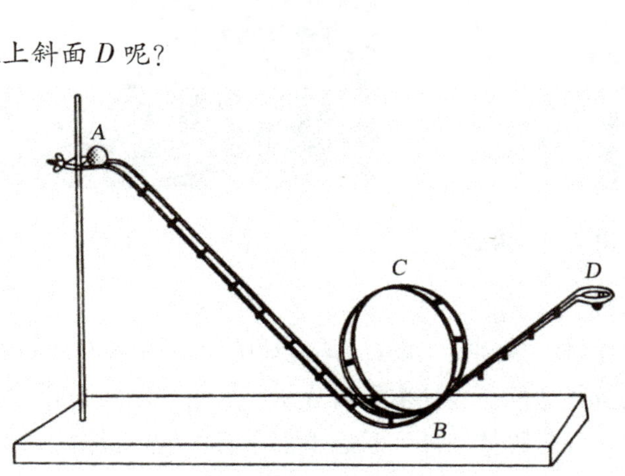

图 2－9　球沿轨道下滑示意图

一、多种形式的能量

一切物体都具有能量。风可以吹走落叶，摇动树木，甚至卷走房顶，是因为风具有能量；流水能冲走石块和泥沙，推动水轮机转动，是因为水具有能量。

物质的运动形式多种多样，不同的运动形式对应着不同的能量。因此，能量的种类也各式各样。能量的主要存在形式有：机械能、内能、电能、光能、化学能、原子能（核能）等。

1. 机械能

奔驰的列车、高山上的石块，甚至小鸟的叫声都具有机械能。机械能是与物体机械运动有关的能量，它包括动能和势能。

（1）动能　流水具有能量，是因为水在运动；风具有能量，是因为空气在运动。物体由于运动而具有的能量叫作动能（如图 2－10）。

图 2－10　运动的物体都具有动能

（2）势能　由相互作用着的物体之间的相对位置决定的能量叫作势能。被举高的物体具有重力势能，被压缩或被拉伸的弹簧具有弹性势能。具有势能的物体可能不会马上做功，但的确有做功的可能，也就是有做功的本领（如图 2－11 和图 2－12），所以势能是一种储存的能量。

图 2－11　被举高的杠铃具有重力势能

图 2－12　拉弯的弓具有弹性势能

2. 内能

组成物体的分子在不停地做无规则热运动，做热运动的分子具有动能；各分子间存在相互作用，因而存在由它们相对位置决定的分子势能。物体内所有分子热运动的动能和分子势能的总和，叫作物体的热力学能，简称内能，俗称热能。任何物体在任何状态下都具有内能（如图 2－13 和图 2－14）。

物体的内能是可以改变的，改变物体内能的物理过程有两种：对物体做功和对物体进行热传递。

图 2-13 炽热的钢水具有内能

图 2-14 寒冷的冰山具有内能

3. 电能

电能是指电流或带电物质的能量(如图 2-15),被广泛应用在动力、照明、冶金、化工、纺织、通信、广播等各个领域,是科学技术发展、国民经济飞跃的主要动力,电能的利用使人类社会进入电气时代。电能可以通过有线或无线的形式,进行远距离的传输。日常生活中使用的电能,主要来自其他形式能量的转化,机械能、内能、化学能、光能、原子核能等都可转化成电能。

图 2-15 闪电具有巨大的电能

4. 光能

光能就是光线的能量,譬如太阳光、各种灯光以及生物(最常见的是萤火虫)所发出的光,都具有光能。光越强,所含的能量也越多。通常所说的太阳能一般指来自太阳的辐射能量,是由太阳内部氢原子发生聚变释放出巨大核能而产生的。太阳能包括光辐射能和热辐射能,光能仅仅是其中的光辐射能。自地球形成以来,生物就主要以太阳提供的热和光生存,人类所需能量的绝大部分都直接或间接来自太阳。植物通过光合作用吸收二氧化碳、释放氧气,并把太阳能转化成化学能在植物体内贮存下来。煤炭、石油、天然气等化石燃料,也是由古代埋在地下的动植物经过漫长的地质年代演变形成的。此外,水能、风能等也都是由太阳能转化来的。太阳能既是一次性能源,又是可再生能源(如图 2-16)。

图 2-16 太阳能光伏产业

5. 化学能

化学能是指储存在化合物化学键里的能量。我们每天吃的食物具有化学能,煤炭、石油、炸药储存有大量的化学能(如图2-17),各种物质都储存有化学能。不同的物质不仅组成不同、结构不同,所包含的化学能也有不同。化学能是一种很隐蔽的能量,它不能直接用来做功,只有在发生化学变化的时候才释放出来,转化成内能或其他形式的能量。

图2-17 汽油具有大量的化学能

6. 原子能

原子能也叫核能,是从原子核反应中释放出来的能量。20世纪30年代,科学家发现铀235原子核在吸收一个中子以后能分裂,同时释放出2~3个中子和能量,所释放出的能量比化学反应中释放出的能量大得多,这就是核裂变能,也就是我们所说的核能。两个较轻的原子核聚合成一个较重的原子核,同时释放出巨大的能量,这种反应叫轻核聚变反应。在太阳等恒星内部,因压力、温度极高,轻核才有足够的动能去克服静电斥力而发生持续的聚变。目前获取核能的两个重要途径是重核裂变和轻核聚变。原子弹就是利用原子核裂变释放出的能量起杀伤破坏作用的,而核电反应堆也是利用这一原理获取能量,所不同的是,核电反应堆是可以控制的。核电站是清洁的、经济的、可持续发展的能源。原子能不仅可用来造原子弹,还可以用于发展生产、改善人民生活,医学上用来治病救人、减轻人类的痛苦。

二、功和能的关系

功的概念,是人们在认识能量的历史过程中建立起来的。因此功和能是两个密切关联的物理量。它们究竟有什么关系呢?

【实验】

1. 让一个小钢球从光滑斜面上滚下,撞击水平桌面上的木块(如图2-18),会发生什么现象?

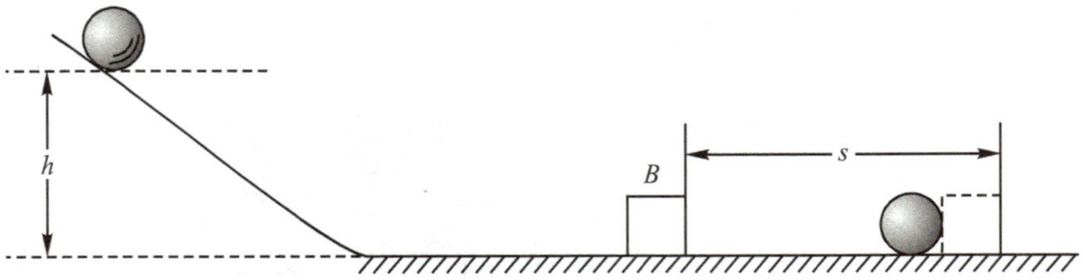

图2-18 从斜面滚下的小钢球

2. 让小钢球从斜面上不同高度处滚下,撞击水平桌面上的木块,观察发生的现象。

上面实验中,运动的小钢球具有能量,它撞击木块使木块运动,显然小球做了功。一个物体能够做功,或者说它具有做功的本领,我们就说它具有能量。一个物体能够做得功越多,这个物体的能量就越大。

仔细观察就会发现,生活中有许多物体都能够做功,因此都具有能量(如图2-19和图2-20)。流动的水能够推动水轮机做功，流动的水具有能量。被举到高处的重物下落时能够把木桩打进地里而做功，被举高的重物具有能量。被压缩的弹簧放开时能够把物体弹开而做功，被压缩的弹簧具有能量。

图 2－19　水车

图 2－20　打夯

被压缩的弹簧放开时可以把一个小球弹出去，小球的动能增加，同时，弹簧的弹性势能减少，弹性势能转化为动能。列车在电力机车的牵引下加速运动，列车的机械能增加，同时机车的电能减少，电能转化成机械能（如图 2－21）。

图 2－21　奔驰的列车

大量的事实都表明，做功的过程是物体能量转化或转移的过程。做了多少功，就有多少能量发生转化或转移，所以，功是能量转化的量度。

【思考和讨论】

列举生活中的例子，说明不同形式的能量之间可以相互转化。

【问题与练习】

从粮食生产到我们摄取食物进行各种运动和劳动，说说其中经历的能量转化情况。

第三节　机械能

机械能包括动能和势能。

一、动能

物体由于运动而具有的能量叫作动能。物体的动能跟物体的质量和速度都有关系。物体质量越大，运动得越快，具有的动能就越大。这是很容易理解的，例如操场上飞来的足球，你可以用脚去踢，而对以同样的速度飞来的铅球却避之唯恐不及，这是因为铅球的质量比较大，动能就比较大。又例如一个人向你迎面走来，你不会太担心，而一个人骑着电动自行车向你冲来，你会马上让路，否则他会撞到你从而带来很大的伤害,这是因为电动自行车的速度比较大,动能也比较大的缘故。

物体的动能跟物体的质量和速度究竟有怎样的关系呢?下面我们来研究这个问题。

我们知道,功和能密切相关,因此我们可以通过外力对物体做功使物体运动,从而获得动能这个途径来研究一个运动物体的动能是多少。

假设有质量为 m 的物体,在与运动方向相同的恒力 F 作用下发生一段位移 s,物体的速度由 v_1 增大到 v_2,如图 2－22 所示。

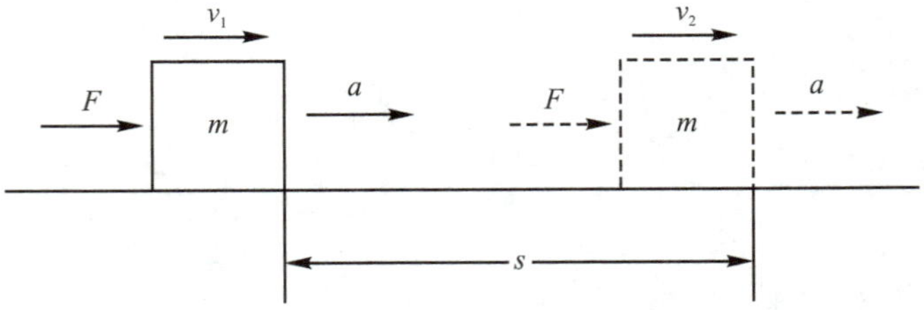

图 2－22　恒力对物体做功

在这一过程中,力 F 对物体所做的功 $W=Fs$。

根据牛顿第二定律 $F=ma$ 和运动学公式 $v_2^2-v_1^2=2as$,则力 F 对物体所做的功为:$W=Fs$,可以写成:

$$W = ma \times \frac{v_2^2 - v_1^2}{2a}$$

也就是:

$$W = \frac{1}{2}mv_2^2 - \frac{1}{2}mv_1^2$$

从这个式子可以看出,力 F 所做的功等于$\frac{1}{2}mv^2$ 这个物理量的变化。物理学中就用$\frac{1}{2}mv^2$ 这个量表示物体的动能。若动能用 E_k 表示,则:

$$E_k = \frac{1}{2}mv^2$$

即:物体的动能等于它的质量跟速度平方的乘积的一半。

动能的缺点是难于储存,优点是便于直接利用。

二、重力势能

物体由于被举高而具有的能量叫作重力势能。打桩机的重锤从高处落下,能够把木桩或钢铁构件打进地基里,重锤具有重力势能(如图 2－23)。

图 2－23　打桩机

生活经验告诉我们，物体的质量越大，被举得越高，重力势能就越大。例如，相同质量的重锤，从较高的位置落下，将木桩打进地基的深度大些。从同一高度落下的不同质量的重锤，质量大的重锤将木桩打进地基的深度大些。

研究表明，物体的重力势能等于物体的质量、重力加速度和高度的乘积。物体的重力势能用 E_p 表示，则有：

$$E_p = mgh$$

水电站往往修有较高的大坝，主要目的是蓄水，并提高水库的水位，使水具有较大的重力势能，因而能做更多的功，推动发电机发电。

我们知道，高度 h 是相对的，所以物体的重力势能 mgh 也是相对的。我们说物体的重力势能是 mgh，这总是相对于某个水平面来说的，这个水平面的高度取为零，重力势能也是零，这个平面称为参考平面，或零势能面。如同我们描述物体的运动时首先要确定参考系一样，描述物体的重力势能，首先要确定参考平面。通常选取地面作为参考平面。选取不同的参考平面，物体重力势能的数值是不同的，但这并不影响问题的研究。因为在与重力势能相关的问题中，有价值的是重力势能的差值，而选择不同的参考平面对这个差值没有影响。

必须指出的是，重力势能跟重力做功密切相关，而重力是地球与物体之间的相互作用力。也就是说，倘若没有地球，就谈不上重力。所以，严格来说，重力势能是地球与物体所组成的物体“系统”所共有的，而不是地球上的物体单独具有的。

三、弹性势能

发生形变的物体，在恢复原状时对外界做功，因而具有能量。物体由于发生弹性形变而具有的能量叫作弹性势能。卷紧的发条，被拉伸或压缩的弹簧，拉弯的弓，击球时的网球拍或羽毛球拍，支撑运动员上跳的撑竿或蹦床等，都具有弹性势能（如图 2－24）。

图 2－24　蹦床

一切发生弹性形变的物体都具有弹性势能。在弹性限度内，物体的形变越大，弹性势能也越大。

四、动能与势能的相互转化

重力势能和动能之间可以发生相互转化。物体自由下落时，高度越来越小，速度越来越大。高度减小，表示重力势能减少；速度增大，表示动能增加。这时，重力势能转化为动能。竖直上抛的物体，在上升过程中，速度越来越小，高度越来越大。速度减小，表示动能减少；高度增大，表示重力势能增加。这时，动能转化为重力势能。

不仅重力势能和动能可以相互转化，弹性势能和动能也可以相互转化。被压缩的弹簧具有弹性势能，当弹簧恢复原状时，就把跟它接触的物体弹出去。这一过程中，弹簧的弹性势能减少，而物体获得一定的速度，动能增加。射箭时弓的弹性势能减少，箭的动能增加，也是同样的过程。从高处落下的皮球，着地时发生弹性形变，皮球的动能转化为弹性势能；在皮球恢复原状时，弹性势能又转化为动能。

其实，自然界和生活中动能跟势能相互转化的事例是很多的（如图 2－25 和图 2－26）。

图 2－25　瀑布

图 2－26　撑竿跳高

五、机械能守恒定律

【探索活动】

用两个完全相同的单摆，把它们的摆球拉到离平衡位置相同的高度处，松手，让一个单摆在空气中摆动，另一个在水中摆动。观察两个摆的摆动情况有什么不同。

通过探索我们知道，在动能和势能的相互转化中，阻力越大，单摆摆动的次数越少；阻力越小，单摆摆动的次数越多。可以设想，如果完全没有阻力，摆球会摆动到初始的高度，而且会永远摆下去。

严格的科学方法可以证明：

如果只有重力或弹力做功，物体的动能和势能发生相互转化时，机械能的总量保持不变。这个规律叫作机械能转化和守恒定律，简称机械能守恒定律。

机械能守恒定律是力学中的一条重要规律，用机械能守恒的观点分析物理问题是很方便的。

【思考和讨论】

面对高楼坠落的小孩，直接伸手接是不是好办法，为什么？如何科学施救？

【问题与练习】

查阅我国交通法规，了解不同路段对不同车型行驶速度的限制情况。用所学知识分析，为什么要对车辆行驶速度进行限制？为什么在同样的道路上，不同车型的限制速度不一样（如图 2－27）？类似问题提出了两次，体会认识世界从现象到本质的过程。

图 2－27　车辆限速

第四节　能量的转化和守恒

世界是由运动的物质组成的，物质的运动形式多种多样，每一种运动形式都对应着一种能量。物质的运动形式在一定条件下可以相互转化，伴随着运动形式的转化，与之对应的各种能量也可以相互转化。

一、能量的转化和转移

【探索活动】

1. 拿一个打气筒（如图 2－28），摸一摸筒壁是凉还是热。然后用打气筒给一个瘪的篮球打气，打到正常大小为止。这时小心地摸一摸打气筒的筒壁，烫手吗？解释你体验到的结果。

图 2－28　打气筒

2. 将适量的凉水装入一个烧杯中，手握烧杯感受杯壁的温度，然后夹取适量的生石灰放进这个杯子里（如图 2－29），再用手摸一摸杯壁，温度有什么变化？

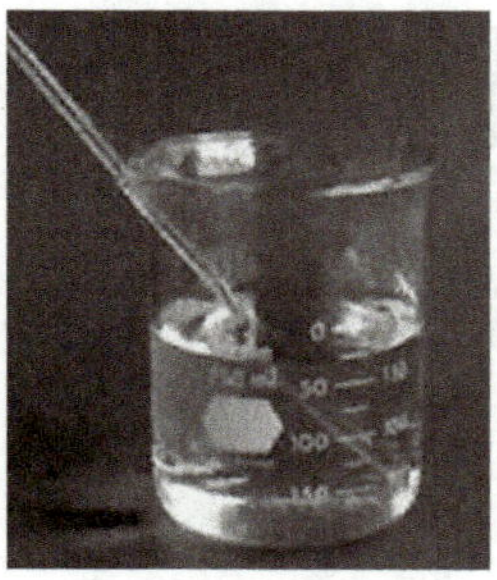

图 2－29　生石灰放入水中

3. 电水壶中加入适量的水，通电加热（如图 2－30），几分钟后，水烧开了。

图 2－30　电水壶

4. 取两个完全相同的钢球(如图 2 - 31),使其中的一个钢球从平衡位置偏离一定的角度,然后释放,撞击另一个静止的钢球,观察发生的现象。

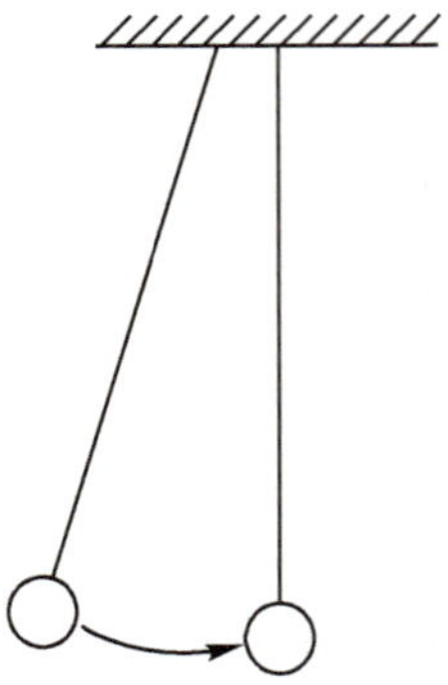

图 2 - 31　摆球正碰

上面的实验中,人体内的化学能转化成机械能,再转化成打气筒的内能;石灰的化学能转化成水的内能;电能转化成水的内能;一个钢球的动能转移到了另一个钢球。

能量是使物体"工作"或运动的本质原因。虽然你看不见能量,却能感受到它的存在。任何物体只要发生移动、发热、冷却、生长、变化、发光或发声等现象,其中必然有能量地转化或转移在发挥作用。

二、能量守恒定律

在能量的神出鬼没的转化过程中,能量是不是会越来越多,或者越来越少呢? 不同形式的能量相互转化和转移的过程中,绝不会凭空产生和消灭。假如有一种能量忽然出现了,那必然是由另一种能量转化而来;假如有一种能量忽然消失了,那必然是已经转化成了另一种能量。简单地说,在能量转化过程中,能量的总量是不会变化的。

能量既不会凭空产生,也不会凭空消失,它只会从一种形式转化为其他形式,或者从一个物体转移到其他物体,而在转化和转移的过程中,能量的总量保持不变。这个规律叫作能量守恒定律。

能量守恒定律是焦耳等许多物理学家经过长期探索,于 19 世纪确立的,是 19 世纪自然科学的三大发现之一。能量守恒定律的建立,是人类认识自然的一次重大飞跃,是哲学和自然科学长期发展和进步的结果。它是最普遍、最重要、最可靠的自然规律之一,是大自然普遍和谐性的一种表现形式。

三、能源的开发和利用

【探索活动】

1. 走访调查你身边的居民:我们国家 20 世纪五六十年代日常生活主要使用什么燃料,八九十年代呢? 现在呢? 写一份调查报告交给老师。

2. 走访调查你身边的居民:我们国家 20 世纪五六十年代出门主要使用什么交通工具,八九十年代呢? 现在呢? 写一份调查报告交给老师。

人类生活一时一刻也离不开能量。机器的运转,交通工具的运行,日常生活中做饭、取暖、照明等,都需要能量。能量靠能源物质提供,凡是能够提供能量的物质,都可以叫作能源。能源是人类社会活动的物质基础。人类对能源的利用大致经历了三个时期,即柴薪时期、煤炭时期、石油时期。自 18 世纪中叶工业革命以来,煤炭和石油成为人类的主要能源。到了 20 世纪 50 年代,世界石油和天然气的消耗量超过了煤炭。

人类在生产和生活中需要多种形式的能量,其中用得最多的是内能、机械能和电能。为了得到这些能量,就要把能源的能量转化为所需要的能量。能源的应用过程,实际上就是能量的转化和传递过程。

煤炭、石油、天然气在燃烧过程中化学能转化为内能。内能可以在生产、生活中直接应用，也可以通过热机转化为机械能，或通过发电机转化为电能。

能源的能量虽然在转化过程中保持守恒，但是最后被有效利用的仅是其中的一部分。因此，提高能源的利用率，有效的利用能源是十分重要的。目前我国的能源利用率较低，浪费较大，需要大力加强节能工作。

随着生产的发展和人们生活水平的提高，人类对能源的需求量越来越大。煤炭、石油、天然气的储量是有限的，不能满足人类对能源的长期需求。以今天的开采和消耗速度，石油储藏将在百年内用尽，煤炭资源也不可能永续。与此同时，大量煤炭和石油产品在燃烧时排出的有害气体污染了空气，改变了大气的成分。能源短缺和环境恶化已经成为关系到人类社会能否持续发展的大问题。因此，在合理有效地利用这些能源的同时，要大力开发和利用水能、风能、核能、太阳能、地热能、海洋能等尚未充分利用的能源。我国已经建设了一些大型水电站，如三峡水电站(如图2-32)、小浪底水电站。在利用核能方面，我国已经建设了秦山核电站、大亚湾核电站等。在利用太阳能、风能方面也取得了很大的成效。在利用地热能、海洋能方面正在积极开展研究。我国的能源人均占有量较少，节约能源，开发和利用新能源十分必要。

图2-32　三峡水电工程

四、能量耗散

能量的转化虽然是守恒的，但能量的转化是有“方向性”的。比如燃烧过程，是化学能转化为内能的过程，但再把内能转化为化学能，就困难得多。燃料燃烧时，一旦把自己的化学能释放出去，就不会再次自动聚集起来供人类重新利用。电池中的化学能转化为电能，电能又通过灯泡转化成内能和光能，光和热被其他物质吸收之后变成周围环境的内能，我们无法把这些内能收集起来重新利用。这种现象叫作能量的耗散。城市的工业和交通急剧发展，给人们的生活带来方便的同时，也使城市环境过多地接收了耗散的能量，使城市环境的温度升高。

能量耗散表明，在能源的利用过程中，即在能量的转化过程中，能量在数量上并未减少，但在可利用的品质上降低了，从便于利用变成不便于利用的了。这是能源危机更深层次的含意。因此，自然界的能量虽然守恒，但还是要节约能源。

能量的耗散从能量转化的角度反映出自然界中宏观过程的方向性。能源的利用受这种方向性的制约，所以能源的利用是有条件的，也是有代价的。

【阅读园地】

火力发电站

如图 2－33 所示是一座火力发电站。工作过程中将煤的化学能转化为电能。其转化步骤是：

(1)煤燃烧把水加热成水蒸气，储存在煤里的化学能转化成了水蒸气的内能。

(2)水蒸气驱动涡轮机，内能转化成机械能。

(3)涡轮机驱动发电机，机械能转化成电能。

火力发电的优点是技术成熟，发电功率大，对气候和地理环境要求低。缺点是耗能多，效率低，尤其是污染巨大，可持续发展前景暗淡。

图 2－33　火力发电站

水力发电站

如图 2－34 所示是一座水力发电站示意图。工作过程中将水的重力势能转化为电能。其转化步骤是：

(1)水从水坝落下，水的重力势能转化成动能。

(2)水推动水轮机转动，水的动能转移成水轮机的动能。

(3)水轮机驱动发电机发电，机械能转化成电能。

水力发电的优点是无污染，水能可再生，后期成本很低。缺点是固定资产投资大，对气候和地理环境要求高，建设困难，旱季水量匮乏时发电量会受到影响。

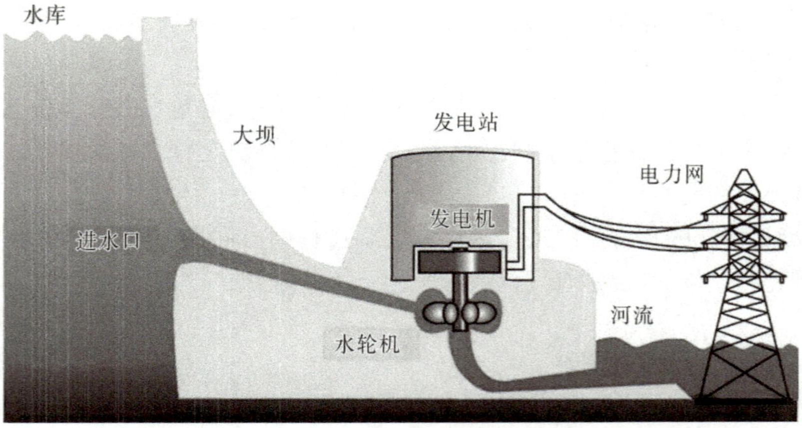

图 2－34　水力发电站

风力发电站

如图2－35所示是一座风力发电站。工作过程中将风的动能转化为电能。其转化步骤是:

(1)风吹动风车叶轮,风的动能转移成风车的动能。

(2)风车驱动发电机,动能转化成电能。

风力发电的优点是无污染,可再生,总量大,后期成本低。缺点是设备建设投资巨大,对气候和地理环境要求高,风力变化会影响其稳定供电。

图2－35　风力发电站

太阳能光伏发电

我们对太阳能的利用大致可以分为光热转换和光电转换两种方式,其中,光电转换(光伏发电)是近些年来发展最快,也是最具经济潜力的能源开发领域。太阳能光伏发电的原理是“光生伏特效应”。光生伏特效应是指半导体在受到光照射时产生电动势的现象,简称光伏效应。光伏发电系统主要由太阳能电池、蓄电池、控制器和逆变器构成(如图2－36)。太阳能电池是光伏发电系统中的关键部分,它直接将光能转化为电能,在有光线照射时它实际上就是电源,电路中有了这种器件就不需要外加电源了。利用太阳能的最佳方式是光伏转换。

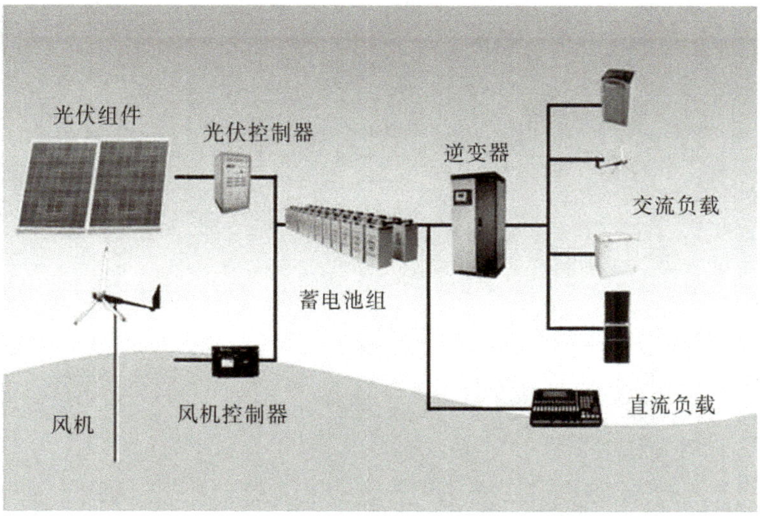

图2－36　太阳能光伏发电示意图

光伏材料是指能将太阳能直接转换成电能的材料。光伏材料又称太阳能电池材料,只有半导体材料具有这种功能。可做光伏材料的有单晶硅、多晶硅、非晶硅等。以硅材料的应用开发形成的产业链条称之为光伏产业，包括高纯多晶硅原材料生产、太阳能电池生产、太阳能电池组件生产、相关生产设备的制造等。

太阳能是人类取之不尽用之不竭的可再生能源，具有充分的清洁性、绝对的安全可靠性、相对的广泛性、确实的长寿命和免维护性、资源的充足性及潜在的经济性等优点，在长期的能源战略中具有重要地位。

【思考和讨论】

1. 查阅资料，了解地球上的石油、天然气、煤炭还能用多久。

2. 为了节约能源，从个人的角度讲，你能做些什么？从社会的角度讲，你能为决策者提出什么建议？

【问题与练习】

1. 下列四种发电方式中，最低碳、最环保的一种是（　　）。

A. 风力发电　　B. 火力发电　　C. 核燃料发电　　D. 水力发电

2. 全球气候变暖是世界各国所关注的问题，大气中能产生温室效应的气体已经发现近 30 种，造成温室效应最重要的气体是（　　）。

A. 二氧化碳　　B. 氟利昂　　C. 一氧化二氮　　D. 臭氧

第三章
电与磁

电是现代社会人们生活中不可缺少的必需品之一,没有电人们的生活将无法想象。电是如何产生的?发电机又是如何工作的?指南针是如何帮助人们辨别方向的?对此类问题的回答都离不开人们对基本电现象和基本磁现象的认识和研究。

第一节 电荷和电场

一、电荷及电荷间的相互作用

空气干燥的时候,用塑料梳子梳头,头发会随着梳子飘起来;夜晚脱毛衣时,会看到电火花。为什么会发生这样的现象呢?

公元前600年左右,希腊人泰勒斯(前624—前546年)就发现摩擦过的琥珀吸引轻小物体的现象。这就是人类最早发现的静电现象。公元1世纪,我国学者王充在《论衡》一书中也记载了用玳瑁的壳吸引轻小物体的现象。16世纪,英国医生吉尔伯特(1544—1603年)在研究这类现象时首先根据希腊文中的“琥珀”创造了英语中的“electricity”(电)这个词,用来表示琥珀经过摩擦以后具有的性质,并且认为摩擦过的琥珀带有电荷。后来,人们发现很多物质都会由于摩擦而带电,并且带电物体之间存在着相互排斥或相互吸引的作用。

摩擦后的物体所带的电荷有两种:用丝绸摩擦过的玻璃棒所带的电荷是一种,用毛皮摩擦过的硬橡胶棒所带的电荷是另一种。同种电荷相斥,异种电荷相吸。人们没有发现对上述两种电荷都排斥或都吸引的电荷。这表明,自然界的电荷只有两种。美国科学家本杰明·富兰克林(1706—1790年)把前者命名为正电荷,把后者命名为负电荷。

到了20世纪,物理学解开了物质分子、原子内部结构之谜,人们对电现象的本质又有了深入的了解。

1. 电荷

现在我们已经知道,构成物质的原子本身就包括了带电粒子:带正电的质子和不带电的中子构成原子核,核外有带负电的电子。原子核的正电荷的数量与电子的负电荷的数量一样多,所以整个原子对外界较远位置表现为电中性。

原子核内部的质子和中子被核力紧密地束缚在一起。核力来源于强相互作用,所以原子核的结构一般是很稳定的。核外的电子靠质子的吸引力维系在原子核附近。通常离原子核较远的电子受到的束缚较弱,容易受到外界的作用而脱离原子。当两个物体互相摩擦时,一些束缚得不紧的电子往往从一个物体转移到另一个物体,于是原来电中性的物体由于得到电子而带负电,失去电子的物体则带正电。这就是摩擦起电的原因。例如,用丝绸摩擦玻璃棒时,玻璃棒上有些电子跑到了丝绸上,玻璃棒因缺少电子而带正电，丝绸因有了多余的电子而带负电。

不同物质的微观结构不同，原子中电子的多少和运动状况也不相同。不仅如此，当大量原子或分子组成大块物质时，由于原子或分子间的相互作用，原子中电子的运动状况也会有所变化。例如，金属中离原子核最远的电子往往会脱离原子核的束缚而在金属中自由活动，这种电子叫作自由电子。失去这种电子的原子便成为带正电的离子，它们在金属内部排列起来，每个正离子都在自己的平衡位置上振动而不移动，只有自由电子穿梭其中，这就使金属成为导体。绝缘体中不存在这种自由电子。

【实验】

取一对用绝缘柱支持的导体 A 和 B，使它们彼此接触。起初它们不带电，贴在下部的金属箔是闭合的（如图 3－1 甲）。

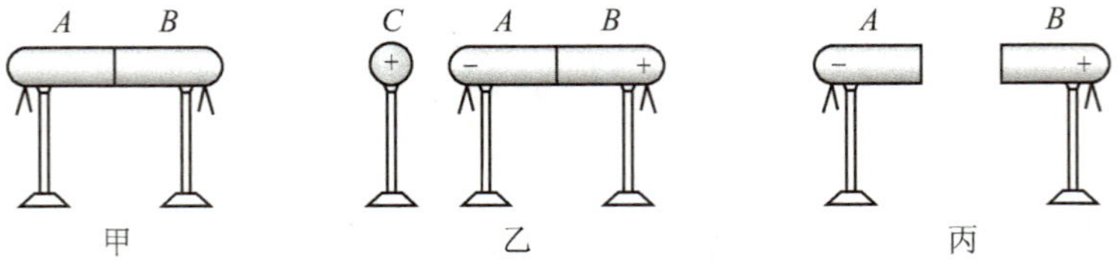

图 3－1　静电感应

把带正电荷的物体 C 移近导体 A，金属箔有什么变化（如图 3－1 乙）？

这时把 A 和 B 分开，然后移去 C，金属箔又有什么变化（如图 3－1 丙）？

再让 A 和 B 接触，又会看到什么现象？

利用上面介绍的金属结构的模型，解释看到的现象。

当一个带电体靠近导体时，由于电荷间相互吸引或排斥，导体中的自由电荷便会趋向或远离带电体，使导体靠近带电体的一端带异种电荷，远离带电体的一端带同种电荷，这种现象叫作静电感应。利用静电感应使金属导体带电的过程叫作感应起电。

【做一做】

验电器

为了判断物体是否带电以及所带电荷的种类和多少，从 18 世纪起，人们经常使用一种叫作验电器的简单装置：玻璃瓶内有两片金属箔，用金属丝挂在一根导体棒的下端，棒的上端通过瓶塞从瓶口伸出（如图 3－2）。如果把金属箔换成指针，并用金属做外壳，这样的验电器又叫静电计（如图 3－3）。

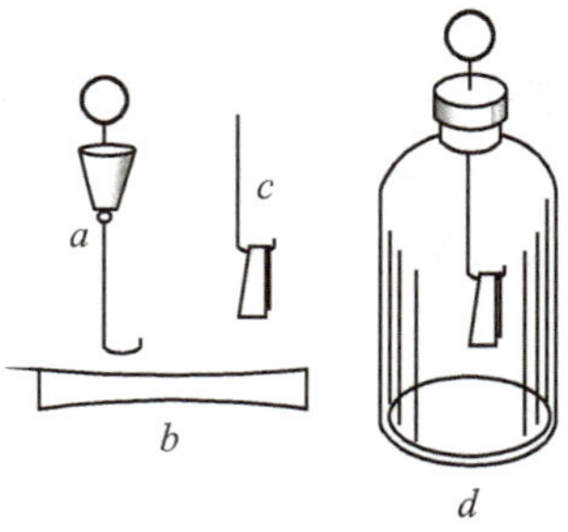

图 3－2　制作验电器

图 3－3　静电计

制作一个验电器，并描述如何用验电器检测带电体带电的种类和相对数量。

注意观察：是否只有当带电体与导体棒的上端接触时，金属箔片才会张开？解释看到的现象。

2. 电荷守恒定律

无论是摩擦起电还是感应起电，本质上都是使微观带电粒子（如电子）在物体之间或物体内部转移，而不是创造出了电荷。

大量事实表明，电荷既不会创生，也不会消灭，它只能从一个物体转移到另一个物体，或者从物体的一部分转移到另一部分，在转移过程中，电荷的总量保持不变。这个结论叫作电荷守恒定律，它是自然界重要的基本规律之一。

3. 元电荷

电荷的多少叫电荷量，在国际单位制中，它的单位是库仑，简称库，用 C 表示。正电荷的电荷量为正值，负电荷的电荷量为负值。

迄今为止，科学实验发现的最小电荷量就是电子所带的电荷量。质子、正电子所带的电荷量与它相同，但符号相反。人们把这个最小的电荷量叫作元电荷，用 e 表示。实验还指出，所有带电体的电荷量或者等于 e，或者是 e 的整数倍。这就是说，电荷量是不能连续变化的物理量。

元电荷 e 的数值最早是由美国物理学家密立根(1868—1953 年)测得的。这是他获得诺贝尔物理学奖的重要原因。在密立根实验之后，人们又做了许多测量。现在公认的元电荷的值为：

$$e = 1.602\ 177\ 33 \times 10^{-19}\ \mathrm{C}$$

在我们的计算中，可取：

$$e = 1.60 \times 10^{-19}\ \mathrm{C}$$

4. 点电荷

任何带电体都有形状和大小，其所带的电荷也不会集中在一点上。当带电体间的距离比它们自身的大小大得多，以至带电体的形状、大小及电荷分布状况对它们之间的作用力的影响可以忽略时，这样的带电体就可以看作带电的点，叫作点电荷。可见，点电荷类似于力学中的质点，也是一种理想化的物理模型。

5. 库仑定律

人们最早是通过电荷之间的相互作用来认识电荷的。那么，电荷之间作用力的大小决定于哪些因素呢？

实验表明，电荷之间的作用力随着电荷量的增大而增大，随着距离的增大而减小。这隐约使我们猜想：电荷间的作用力会不会与万有引力具有相似的形式呢？也就是说，带电物体之间的相互作用力，会不会与它们电荷量的乘积成正比，与它们之间距离的二次方成反比？

事实上，电荷之间的作用力与引力的相似性早已引起一些研究者的注意，英国物理学家卡文迪许和英国化学家约瑟夫·普里斯特利等人都确信“平方反比”规律适用于电荷间的力。

然而，他们也发现，万有引力与电荷间的力并非完全一样，这一科学问题的解决最终是由法国学者库仑(1736—1806 年)完成的。

库仑在前人工作的基础上，通过实验研究确认：真空中两个静止点电荷之间的相互作用力，与它们的电荷量的乘积成正比，与它们的距离的二次方成反比，作用力的方向在它们的连线上。

这个规律叫作库仑定律。电荷间这种相互作用力叫作静电力或库仑力。

如果用 q_1、q_2 表示两个点电荷的电荷量，r 表示两个点电荷的距离，那么库仑定律可表示为：

$$F = k\frac{q_1 q_2}{r^2}$$

式中的 k 是比例系数，叫作静电力常量。

在国际单位制中，电荷量的单位是库仑(C)、力的单位是牛顿(N)、距离的单位是米(m)。上述公式中各物理量的单位都已确定，k 的数值就要由实验来测定，结果是：

$$k = 9.0 \times 10^9\ \mathrm{N \cdot m^2/C^2}$$

这就是说，两个电荷量为 1 C 的点电荷在真空中相距 1 m 时，相互作用力是 9.0×10^9 N，差不多相当于一百万吨的物体所受的重力！由此可见，库仑是一个非常大的电荷量单位，我们几乎不可能做到使相距 1 m 的两个物体都带 1 C 的电荷量。通常，一把梳子和衣袖摩擦后所带的电荷量不到百万分之一库仑，但天空发生闪电之前，巨大的云层中积累的电荷可达几百库仑。

库仑定律的公式和万有引力的公式在形式上尽管很相似，但仍是性质不同的两种力。在微观带电粒子的相互作用中，库仑力比万有引力强很多，因此在研究微观带电粒子的相互作用时，可以把万有引力忽略。

绝对真空的状态是不可能达到的，理论研究指出，真空中的库仑定律在空气中也可近似适用。

二、电场

1. 电场

万有引力曾被认为是一种既不需要媒介，也不需经历时间，而是超越空间与时间直接发生的作用力，并被称为超距作用。尽管牛顿本人不赞成这种说法，然而他未能解决这个问题，因而仍然有人把万有引力说成是典型的超距作用。

库仑的平方反比定律似乎表明，静电力像万有引力一样，也是一种超距力。然而，超距作用的观点不可避免地带来一些神秘色彩，与人类的理智和科学追求不符，是18～19世纪的多数科学家难以接受的。使人们摆脱这一困境的是英国人法拉第，一位对事物本性有深刻洞察力的科学家（如图3－4）。

图3－4　法拉第

19世纪30年代，法拉第提出一种观点，认为在电荷的周围存在着由它产生的电场，处在电场中的其他电荷受到的作用力就是这个电场给予的。例如，电荷A对电荷B的作用力，就是电荷A的电场对电荷B的作用；电荷B对电荷A的作用，就是电荷B的电场对电荷A的作用（如图3－5）。

图3－5　电荷之间通过电场相互作用

近代物理学的理论和实验证实并且发展了法拉第的观点。电场以及磁场已被证明是一种客观存在，并且是互相联系的，统称为电磁场。变化的电磁场以有限的速度——光速，在空间传播。它和分子、原子组成的实物一样具有能量和动量，因而场与实物是物质存在的两种不同形式。

应该指出的是，只有在研究运动的电荷，特别是运动状态迅速变化的电荷时，上述电磁场的实在性才突显出来。本节只讨论静止电荷产生的电场，称为静电场。

2. 电场强度

电场的一个重要性质是它对电场中的其他电荷有力的作用，人们可以利用电场的这一性质研究电场。

同一个电荷在电场中的不同位置受到的作用力不一定相同，因而不同位置的电场有强弱的差别。电荷所受的电场力，还和所选电荷的电荷量有关。所以，我们把一个点电荷在电场中某点受到的力F与它的电荷量q的比值叫作这点的电场强度，简称场强，用符号E表示，则有：

$$E=\frac{F}{q}$$

电场强度 E 的单位是牛顿每库仑，符号为 N/C。

电场强度是由电场本身决定的物理量，与放入电场中的电荷无关，它能够客观地反映该点电场的强弱。

电场强度是矢量。物理学中规定，电场中某点的电场强度的方向与正电荷在该点所受的静电力的方向相同。按照这个规定，负电荷在电场中某点所受静电力的方向与该点的电场强度的方向相反。

3. 电场线

形象地了解和描述电场中各点电场强度的大小和方向也很重要。法拉第采用了一个简洁的方法描述电场，那就是画电场线。

电场线是画在电场中的一条条有方向的曲线，曲线上每点的切线方向表示该点的电场强度的方向（如图 3－6）。图 3－7 和图 3－8 分别是孤立正点电荷的电场线和孤立负点电荷的电场线。实际上，电场线有以下几个特点：

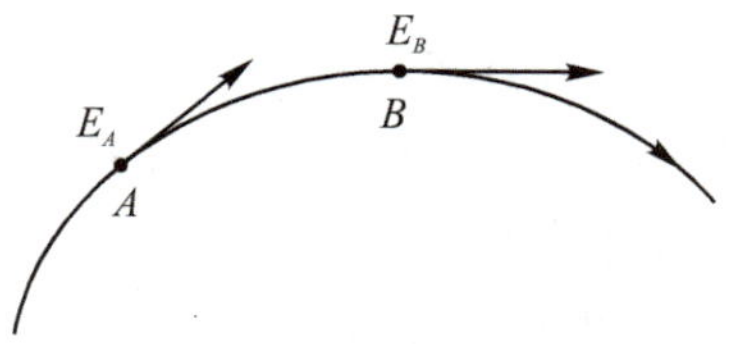

在图中所示的电场线上，A、B两点的切线方向即为该点的场强方向。

图 3－6　电场线

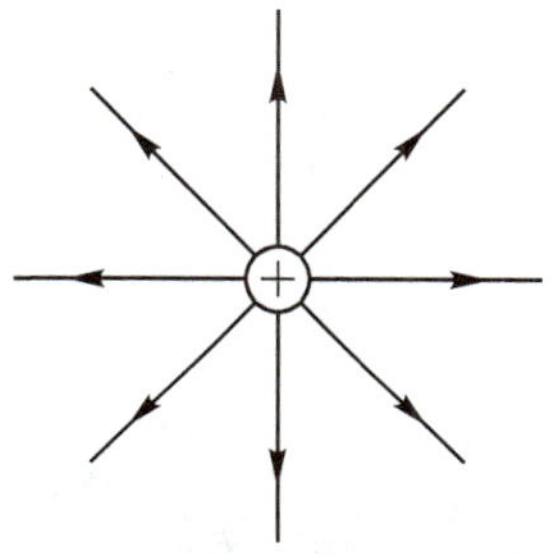

图 3－7　孤立正点电荷电场线

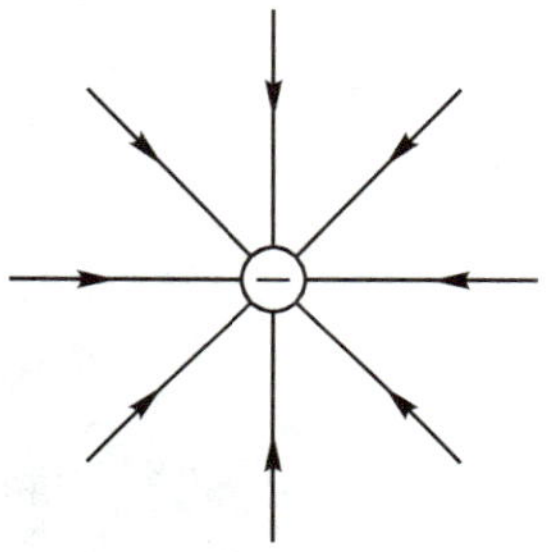

图 3－8　孤立负点电荷电场线

（1）电场线从正电荷或无限远出发，终止于无限远或负电荷。

（2）电场线在电场中不相交，这是因为在电场中任意一点的电场强度不可能有两个方向。

（3）在同一幅图中，电场强度较大的地方电场线较密，电场强度较小的地方电场线较疏；因此在同一幅图中可以用电场线的疏密来比较各点电场强度的大小。

应该指出，电场线不是实际存在的线，而是为了形象地描述电场而假想的线。

4. 匀强电场

如果电场中各点电场强度的大小相等、方向相同，这个电场就叫作匀强电场。由于方向相同，匀强电场中的电场线应该是平行的；又由于电场强度大小相等，电场线的密度应该是均匀的。所以匀强电场的电场线是间隔相等的平行线（如图 3－9）。

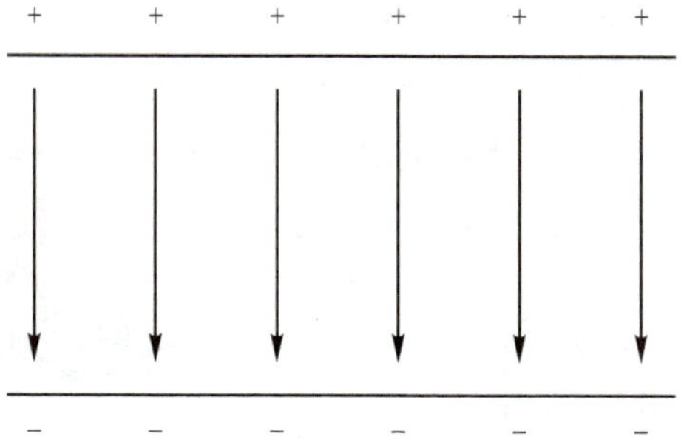

图 3－9　匀强电场示意图

带有等量异种电荷的一对平行金属板,如果两板相距很近,它们之间的电场,除边缘部分外,可以看作匀强电场。在两板的外面几乎没有电场。

【阅读园地】

雷电的形成和避雷针

人们都看到过闪电,听到过雷鸣。那么,什么是雷电? 它又是怎样产生的呢?

雷电是发生在大气层中的声、光、电并发的一种物理现象,通常是指带电的云层之间或带电的云层与大地之间的放电现象。这个放电过程会产生强烈的闪电和巨大的声响,即人们常说的"电闪雷鸣"。夏季,高空中有很多云团在不断运动,云团交错运动,相互摩擦,从而产生大量的电荷,形成电场。云层所带的电荷量达到一定程度时,就会击穿空气放电,使两种电荷发生中和并产生火花,这就是雷电现象。

雷电虽然很壮观,但也会带来危害。闪电的平均电流是 3 万安培,最大电流可达 30 万安培。闪电的电压很高,约为 1 亿至 10 亿伏特。一个中等强度雷暴的功率可达一千万瓦,相当于一座小型核电站的输出功率。放电过程中,闪电的温度从摄氏一万七千度至二万八千度不等,也就是等于太阳表面温度的3~5 倍。闪电的极度高温使沿途空气剧烈膨胀,从而产生冲击波,导致强烈的雷鸣。巨大的能量可击毁房屋建筑,还会引发森林火灾,破坏高压输电线路等,轻则给生活带来诸多不便,重则造成生命、财产损失。

避免雷电危害其实很简单,只要通过导线把雷电引到地下就可以了。早在唐朝,中国人就发明了许多巧妙的避雷装置,如在传统建筑中,屋顶檐角常用龙来装饰,龙嘴里吐出金属舌伸向天空(如图 3-10)。龙的舌根连着一条铁丝,直通地下。当雷电击中房子时,电流就从龙舌沿着铁丝传到地下。千百年来,历经多少风风雨雨、电闪雷鸣,就是这样一种简单、实用、美观的装置,保护了一座又一座古老珍贵的建筑。

图 3-10　龙舌避雷

现代避雷针是美国科学家富兰克林发明的。富兰克林认为闪电是一种放电现象。为了证明这一点,在 1752 年 7 月的一个雷雨天,他冒着被雷击的危险,将一个系着长长金属导线的风筝放飞进雷雨云中,在金属线末端拴了一串铜钥匙。当雷电发生时,富兰克林用手接近钥匙,钥匙上迸出一串电火花,手上还有麻木感。幸亏这次传下来的闪电比较弱,富兰克林没有受伤。此次试验后,富兰克林认为,如果将一个金属棒安置在建筑物顶部,并且以金属细线连接到地面,那么所有接近建筑物的闪电都会被引导至地面,而不至于损坏建筑物。由此,富兰克林制作了世界上第一根避雷针。之后不久,避雷针即在美国推广使用,随后英国从 1762 年、德国从 1769 年也开始陆续使用了避雷针(如图 3-11)。

图 3-11　避雷针

防雷击须知

雷电发生时产生的电流是主要的破坏源，各种照明、电讯等设施使用的架空线都可能把雷电引入室内，所以应严加防范。

一、雷击易发生的部位

1. 缺少避雷设备或避雷设备不合格的高大建筑物、储物罐等。
2. 没有良好接地的金属屋顶。
3. 潮湿或空旷地区的建筑物、树木等。
4. 由于烟气的导电性，烟囱特别易遭雷击。
5. 建筑物上有无线电设备的地方。

二、预防雷击的方法

预防雷击，高大建筑物上必须安装避雷装置。雷电天气时，还应注意以下事项：

1. 注意关闭门窗，室内人员应远离门窗、水管、煤气管等金属物体。
2. 关闭家用电器，拔掉电源插头，防止雷电从电源线入侵。
3. 在室外时，要及时躲避，不要在高处或空旷的野外停留。无处躲避时，应尽量寻找低洼之处(如土坑)藏身，或者立即下蹲，降低身体高度。如多人共处室外，相互之间不要挤靠，以防雷击中后电流互相传导。
4. 远离孤立的大树、高塔、电线杆、广告牌。
5. 立即停止室外游泳、划船、钓鱼等水上活动。
6. 在户外不要使用手机以及其他电子设备。
7. 太阳能热水器用户切忌洗澡。
8. 对遭遇雷击停止心跳和呼吸的人员，应立即采用心肺复苏法抢救。

【思考和讨论】

1. 我们都知道雷电天气时不应在大树下躲避，为什么？
2. 注意观察，油罐车尾部总有一条铁链拖在地面上(如图 3-12)，你知道这有什么作用吗？

图 3-12　接地铁链

【问题与练习】

1. 第一次给正电荷、负电荷命名的是(　　)。

　A. 富兰克林　　B. 法拉第　　C. 库仑　　D. 牛顿

2. 谁发明了现代避雷针(　　)。

　A. 富兰克林　　B. 库仑　　C. 安培　　D. 爱迪生

第二节　电流和电路

大规模使用电能,对人类社会的发展起了巨大的推动作用,科学技术也由此得到进一步发展和提高,利用电能更是现代社会生产和日常生活所不可缺少的。人类对电的认识,从现象到规律,进而探讨其本质,都是在理论和实践相联系的发展过程中逐步深入的。

一、电流和欧姆定律

1. 电流

我们在初中学过电荷的定向移动形成电流。要形成电流,首先要有能够自由移动的电荷——自由电荷。

金属中的自由电子,电解质溶液(酸、碱、盐的水溶液)中的正、负离子,都是自由电荷。在什么条件下,自由电荷才能发生定向移动呢?

当导体内没有电场时,导体中大量的自由电荷就像气体中的分子一样,不停地做无规则热运动,朝任何方向运动的机会都一样。对导体的任一截面来说,在一段时间内从两侧穿过截面的自由电荷都相等,从宏观角度来看,导体中的自由电荷没有定向移动,因而没有电流。把导体的两端分别接到电源的两极上,导体中就有了电流。当导体的两端与电源的两极接通时,导体的两端也有了电压,导体中就有了电场。导体中的自由电荷在电场力的作用下定向移动,形成了电流。所以,导体中产生电流的条件是:导体两端存在电压。

历史上,人们曾把电流看作是正电荷的定向移动形成的,因此习惯上规定正电荷定向移动的方向为电流的方向。实际上,导体中的电流可以是正电荷的定向移动,也可以是负电荷的定向移动,还可以是正、负电荷沿相反方向的定向移动。习惯上规定正电荷的定向移动方向为电流的方向。在金属导体中电流的方向与自由电子定向移动的方向相反。在电解质溶液中,电流的方向与正离子定向移动的方向相同,与负离子定向移动的方向相反。

在电源外部的电路中,电流的方向是从电源的正极流向负极。

2. 电源

电源是把其他形式的能转化成电能的装置。电池和发电机都是电源(如图 3 - 13、图 3 - 14)。

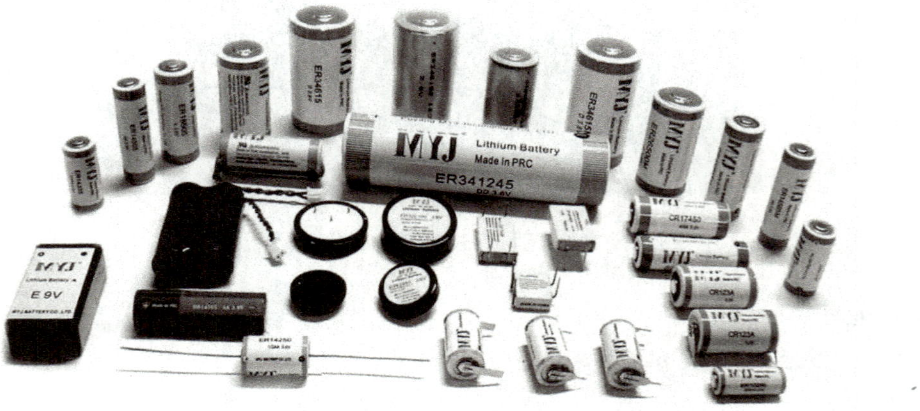

图 3 - 13　电池

图 3-14　小型发电机

电源有两个极，两极间的电压是引起电荷在电路中移动的原因。电源两极间的电压由电源本身的条件决定，与是否接有外电路无关。在物理学上，用电动势表示电源的这种特性。电源的电动势等于电源未接入电路时两极间的电压。

电流在电源内部流动时也会受到阻碍，电源内部的电阻叫作内电阻，简称内阻。电流通过内电阻时也要消耗电能。

在电路中，电源是与用电器串联的，所以内电阻与外电路的电阻是串联的，因此，电源的电动势等于电源接入电路时外电路两端的电压与内电路上的电压之和。

通常，在接通的电路中，我们测量的电源两极间的电压是外电路的电压。由电源的电动势和外电路的电压可以算出内电路上的电压。

电动势和内电阻都是表征电源性质的重要参数。

几个电池串联组成电池组，电池组的电动势就是单个电池电动势的和。放入手电筒里的两节电池就是用这种方式连接的。如果你在手电筒里用两节 1.5 伏的电池，那么总电动势就是 3 伏。

3. 电流强度

将同一个灯泡，用导线先后连接在不同的电池两端，灯泡亮度不同，这是因为通过灯丝的电流强弱不同。物理学中是用电流强度来描述电流的强弱的。通过导体任一截面的电量跟通过这些电量所用时间的比值，叫作电流强度。电流强度简称电流，符号是 I。如果时间 t 内通过导体任一截面的电量为 q，那么，电流可表示为：

$$I=\frac{q}{t}$$

在国际单位制中，电流的单位是安培，简称安，符号是 A。如果在 1 s 内通过导体横截面的电量是 1 C，导体中的电流就是 1 A。电流的常用单位还有毫安（mA）和微安（μA）。

$$1\ \text{mA}=10^{-3}\ \text{A},1\ \mu\text{A}=10^{-6}\ \text{A}$$

方向不随时间改变的电流叫作直流电，方向和强弱都不随时间改变的电流叫作恒定电流。通常所说的直流电一般均指恒定电流。

4. 欧姆定律

既然在导体两端加上电压，导体中才有电流，那么导体中的电流跟导体两端的电压有什么关系呢？

德国物理学家欧姆（1789—1854 年）经过多年研究，发现和总结出欧姆定律：导体中的电流 I 跟导体两端的电压 U 成正比，即 $I\propto U$。通常把这个关系写作：

$$R=\frac{U}{I}$$

式中 R 是电压与电流的比值。实验表明，对同一个导体来说，不管电压和电流的大小怎样变化，比值 R 都是恒定的。对不同的导体来说，R 的数值一般是不同的。这表明 R 是一个跟导体本身有关的量。导体的 R 越大，在同一电压下，通过它的电流越小。可见，比值 R 反映出导体对电流的阻碍作用，叫作导体的电阻。

上面的公式可写成：

$$I = \frac{U}{R}$$

这个公式表示，导体中的电流 I 跟导体两端的电压 U 成正比，跟导体的电阻 R 成反比。这就是我们在初中学过的欧姆定律。

电阻的单位是欧姆，简称欧，符号是 Ω。它是根据欧姆定律规定的：如果在某段导体两端加上 1 V 的电压，通过它的电流是 1 A，这段导体的电阻就是 1 Ω。1 Ω = 1 V/A。常用的电阻单位还有千欧（kΩ）和兆欧（MΩ）。

$$1\ \text{k}\Omega = 10^3\ \Omega,\ 1\ \text{M}\Omega = 10^6\ \Omega$$

欧姆定律是电流的基本定律，是直流电路计算的理论基础。欧姆定律应用广泛，利用它可研究导体中导电理论，设计输出电路、各种电器和仪表（如电流表、电压表）等。

实验表明，除金属外，欧姆定律对电解液也适用，但对气态导体（如日光灯管中的汞蒸气）和某些导电器件（如晶体管）并不适用。

5. 电阻定律和电阻率

导体具有导电的性质，又有阻碍电流的作用。导体具有的对电流的阻碍作用叫作电阻。不仅金属具有电阻，电解质溶液等其他导体也有电阻。电阻的大小是由不同导体的导电特性所决定的。

大量实验结果表明：在温度不变时，用同一种材料制成的横截面积相等而长度不等的导体，电阻跟导体的长度成正比；长度相等而横截面积不等的导体，电阻跟导体的横截面积成反比。导体的电阻 R 跟它的长度 l 成正比，跟它的横截面积 S 成反比，这就是电阻定律。写成公式为：

$$R = \rho \frac{l}{S}$$

式中的比例系数 ρ 跟导体的材料有关系，是一个反映材料导电性能的物理量，叫作材料的电阻率。横截面积和长度都相等的不同材料的导体，ρ 越大的电阻越大。

式中 $l = 1$ m，$S = 1$ m^2 时，ρ 的数值等于 R。可见，材料的电阻率在数值上等于这种材料制成的长度为 1 m、横截面积为 1 m^2 的导体的电阻。式中 R 的单位是欧姆，S 的单位是平方米，l 的单位是米，所以 ρ 的单位是欧姆·米，简称欧·米，符号是 Ω·m。

几种材料在 20 ℃ 时的电阻率 ρ（Ω·m）

材料	电阻率（Ω·m）	材料	电阻率（Ω·m）
银	1.6×10^{-8}	铁	1.0×10^{-7}
铜	1.7×10^{-8}	锰铜合金（85% 铜 + 3% 镍 + 12% 锰）	4.4×10^{-7}
铝	2.9×10^{-8}	镍铜合金（54% 铜 + 46% 镍）	5.0×10^{-7}
钨	5.3×10^{-8}	镍铬合金（67.5% 镍 + 15% 铬 + 16% 铁 + 1.5% 锰）	1.0×10^{-6}

从上表可以看出，纯净金属的电阻率较小，合金的电阻率较大。连接电路用的导线一般都用电阻率较小的铜或铝来制作，电炉、电阻器的电阻丝一般都用电阻率较大的合金制作。

各种材料的电阻率都随温度的变化而变化。绝大多数金属的电阻率随着温度升高而增大。例如一个“220 V，25 W”的白炽灯泡的灯丝电阻，在灯泡不发光时，阻值是 150 Ω；在灯泡正常发光时，阻值是 1 936 Ω，相差非常大。

6. 电功和电功率

电路中有电流通过时，总是存在着电能与其他形式能量的转化。例如电流通过白炽灯泡，灯丝发热发光，电能转化成内能和光能；电流通过电动机使其转动，电能转化成机械能。电能转化了多少可以用电流做了多少功来量度，电流做的功简称电功，表示为：

$$W = UIt$$

上式表明一段电路上电流做的功跟这段电路两端的电压、电路中的电流和通电时间成正比。

单位时间内电流所做的功叫作电功率。表示为：

$$P = \frac{W}{t} = UI$$

上式表明，电流在一段电路上做功的功率跟这段电路两端的电压和电路中的电流成正比。

在以上两个公式中，电流、电压、时间的单位分别是安培（A）、伏特（V）、秒（s），电功、电功率的单位分别是焦耳（J）和瓦特（W）。

家用电器如白炽灯泡、电烙铁、电熨斗等，都标有电压和电功率的数值，这是家用电器正常工作时两端的电压，叫作额定电压；对于纯电阻类家用电器，在额定电压下工作时消耗的电功率叫作额定功率。

家用电器的额定功率和实际功率是有区别的。只有加在家用电器上的电压等于额定电压时，它的实际功率才等于额定功率，这时家用电器才能正常工作。所以使用电器时，要注意电压不要过高于或过低于额定电压。有些家用电器如电动机，如果加在其两端的电压高于或低于它的额定电压，很容易损坏。

7. 焦耳定律

电流做功时，消耗的是电能。究竟电能会转化为哪种形式的能，要看电路中具有哪种类型的元件。

电流通过导体，导体会发热的现象，叫作电流的热效应。电流通过白炽灯、电炉等电热元件做功时，电能全部转化为导体的内能。电流通过导体产生的热量 Q 与电流 I、电阻 R 和通电时间 t 的定量关系，是由英国物理学家焦耳从实验中研究得出的：电流通过导体所产生的热量跟电流的平方、导体的电阻和通电时间成正比。这就是焦耳定律。公式表示为：

$$Q = I^2Rt$$

式中电流 I 的单位是安培（A），电阻 R 的单位是欧姆（Ω），时间 t 的单位是秒（s），热量 Q 的单位是焦耳（J）。

二、电路和电路的连接

1. 电路

电路一般是由电源、用电器、开关和连接电路的导线所组成的（如图 3－15）。电路的主要作用是进行电能的传输与转化，而电能的转化是通过电流做功来实现的。

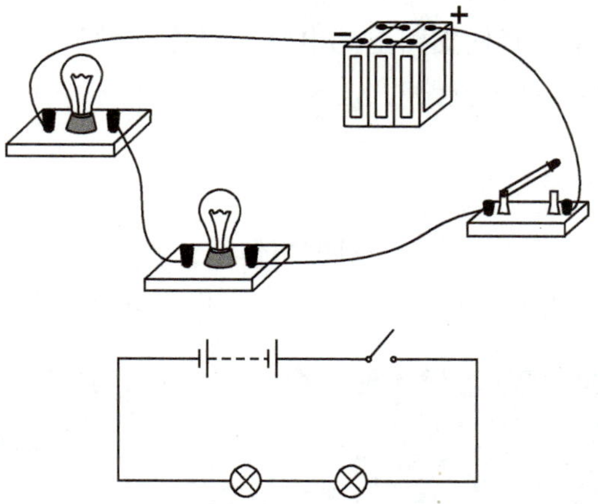

图 3－15　简单电路

2. 串联电路

把几个导体依次首尾相连，接入电路，这样的连接方式叫作串联（如图 3－16）。

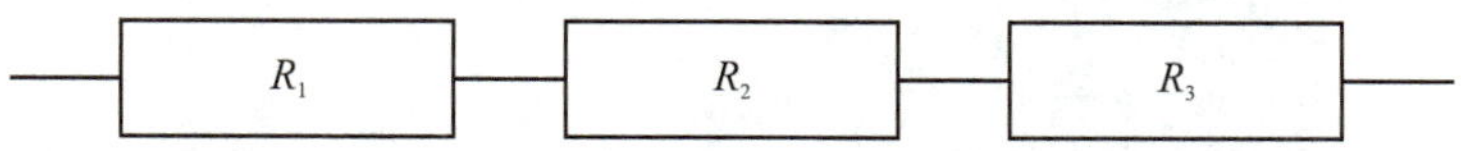

图 3－16　串联电路

串联电路的基本特点是：

(1)串联电路各处的电流相等。

(2)串联电路两端的总电压等于各部分电路电压之和。

(3)串联电路的总电阻等于各部分电路电阻之和。

(4)串联电路中电压的分配跟电阻成正比。

(5)串联电路中功率的分配跟电阻成正比。

如果串联电路中一盏电灯熄灭了，其他所有的电灯也都熄灭。电流表是用来测量电流的，如果你想测量电路中通过某一设备的电流，电流表应该跟这一设备串联。节日彩灯是串联后接在电路里的，虽然每个小彩灯的额定电压只有 10 V 左右，但是把这些小彩灯串联成一串却可以直接接在 220 V 的电压上。

3. 并联电路

把几个导体的一端连在一起，另一端也连在一起，然后把这两端接入电路，这样的连接方式叫作并联（如图 3－17）。

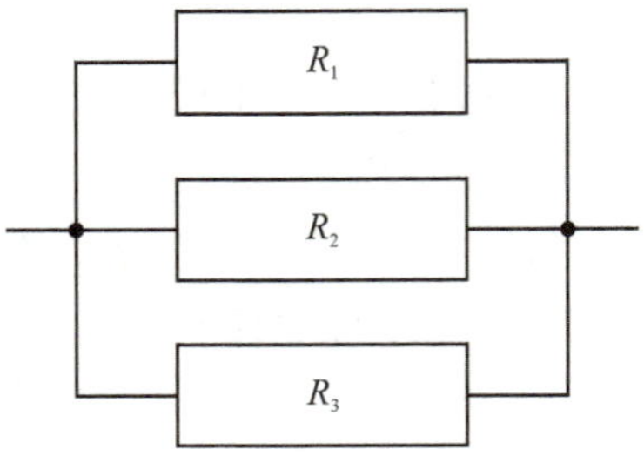

图 3－17　并联电路

并联电路的基本特点是：

(1)并联电路的总电流等于各支路电流之和。

(2)并联电路各支路两端的电压相等。

(3)并联电路总电阻的倒数等于各支路电阻的倒数之和。

(4)并联电路各支路中电流的分配与电阻成反比。

(5)并联电路各支路中功率的分配与电阻成反比。

如果并联电路中一盏电灯熄灭了，其他电灯仍能亮着。每个支路中都可以安装开关，以便分别控制这条支路中电灯的开和关，而不影响其他支路上的电灯。当你测量某设备两端的电压时，电压表应该和这个设备并联。当你在并联电路中增加支路时，总电阻减小，干路中的电流增大。

三、用电常识

电现象对人类贡献很大，但如果使用不当，可能会造成人身伤亡事故，也可能使各种用电设备受到损坏。人一旦触电，就可能有伤亡的危险，可是为什么小鸟可以在高压线上随意跳来跳去，却不会遭电击伤亡呢？如图 3－18 所示。

图 3－18　高压线上的小鸟

人体是导体，人体的电阻是不固定的，一般在几百欧姆到几十万欧姆之间。不同的人电阻不同，同一个人，不同的情况下电阻也不同。当人体与电源组成一个闭合回路时，就会有电流流过人体。电流较小时，对人体没有危害，电流较大时，就会对人体造成伤害，甚至危及生命。实践证明，电压在 36 V 以内时人体可以安全用电及生产，这个电压叫作安全电压。所以，工厂中机床上的照明灯、常需移动的手持用电器、矿井内的照明灯具等都采用 36 V 以下的电压。

能引起人体感觉的最小电流称为感知电流，一般交流电流为 1 mA，直流电流为 5 mA。人触电后能自己摆脱的最大电流称为摆脱电流，交流电流是 10 mA，直流电流是 50 mA，因此，我们常认为安全电流为 10 mA。电击对人体的危害程度，主要取决于通过人体电流的大小和通电时间的长短。电流强度越大，致命危险越大；电击持续时间越长，死亡的可能性越大。在较短的时间内危及生命的电流称为致命电流，如 100 mA 的电流通过人体 1 s 足以致人死命。

生活中的触电事故，是人体站在地上接触到照明电路的火线，因为火线与地之间电压为 220 V，这个电压大大超过安全电压——36 V，这样就会有较大电流流过人体造成伤亡事故。照明电路中的零线与地面之间没有电压。判断照明电路的火线与零线通常是用测电笔测试，即手持测电笔，用手指接触测电笔尾部的金属部分，用笔尖接触照明电路的火线或零线（如图 3－19），测电笔发光的那根导线就是火线，不发光的是零线。如果人体站在绝缘体上同时接触火线与零线也会有电流流过人体造成触电事故。

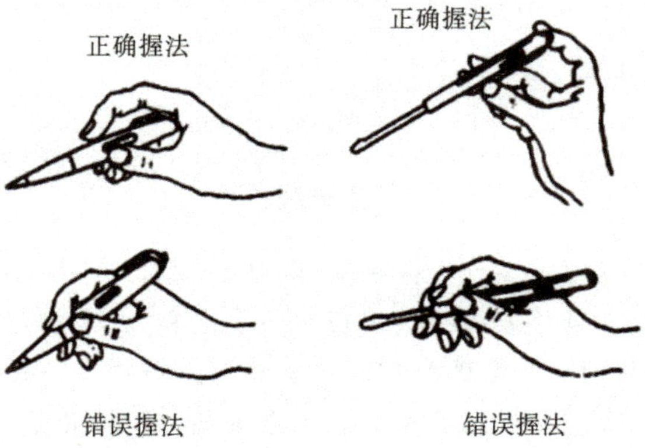

图 3－19　测电笔

电压越高对人体危害越大，当人体靠近高压带电体一定距离时，就会发生弧光放电而触电。因此人体应与高压输电线路保持足够的安全距离，一般 10 kV 及以下电压应大于 0.7 m；35 kV 电压应大于 1 m；110 kV 电压应大于 1.5 m；220 kV 电压应大于 3 m；500 kV 电压应大于 5 m。如果高压输电线落在地上，当人体走近输电线头时，两脚站在离落地高压电线远近不同的位置，两脚之间就存在电压，有电流流过人体，造成触电（如图 3－20），这种触电叫作跨步电压触电。因此，当发现有高压线落在地上时，一定不要靠近，更不能用手去触碰，应及时通知专业人员维修。

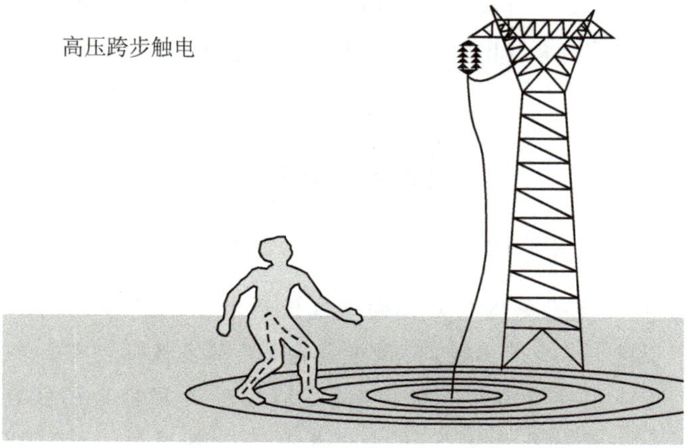

图 3－20　跨步电压触电示意图

站在高压电线上的小鸟，因为两爪在同一根电线上，并且两爪之间的距离很近，所以电压非常小，几乎不会有电流通过身体，因而不会造成触电。

随着生活水平的不断提高，生活中用电的地方越来越多了。安全用电是关乎千家万户幸福和谐的大事，所以，我们有必要掌握最基本的安全用电常识：

(1)了解电源总开关，紧急情况下首先切断总电源。

(2)不要用手或导电物(如铁丝、钉子、别针等)接触、探试电源插座内部。

(3)不用湿手触摸家用电器，不用湿布擦拭家用电器。

(4)不随意拆卸、安装电源线路、插座、插头等。

(5)不要同时使用多个大功率家用电器，防止线路过载而引发火灾。

(6)不要乱拉乱接电线。保险丝选用要合理，切忌用铜丝、铝丝或铁丝代替。

(7)发现电器设备冒烟或闻到焦煳味时，要迅速切断电源，由专业人员检查维修。发生电气火灾时应立即切断电源，并用灭火器灭火。

(8)家用电器使用完毕后应拔掉电源插头，插拔电源插头时不要用力拉拽电线。电线的绝缘层如果破裂，要及时更换或者用绝缘胶布包扎好。

(9)不靠近高压带电体。

(10)发现有人触电，要及时切断电源，或者用干燥的木棍等绝缘物体将带电体与触电者分开，不要用手或其他导体接触触电者。

【阅读园地】

超导现象

1911年，荷兰物理学家海克·卡末林·昂内斯(1853—1926年)意外地发现，将汞冷却到-268.98 ℃时，汞的电阻突然消失。后来他又发现许多金属和合金都具有与上述汞相类似的低温下失去电阻的特性。昂内斯由于他的这一发现于1913年获得诺贝尔物理学奖。

当温度降低到接近绝对零度(-273.15 ℃)时，某些金属材料的电阻会突然减小到零，这种现象叫作超导现象，处于这种状态的物体叫作超导体。把电阻突然变为零的温度叫作超导体的临界温度。各种不同超导体的临界温度是不同的，但都非常低。超导体应用面临的最大问题就是需要非常低的温度。目前，世界各国科学家都在寻找临界温度更高的超导体。自1986年以来，对氧化物高温超导体的研究，有了突破性的进展，目前各国实验室公布的铋、锶、钙、铜、氧超导体的比较稳定的临界温度已达125 K。制备临界温度很高的超导体会给超导体的广泛应用带来诱人的前景。如果采用超导材料制成发电机线圈和输电导线，可以大大减少电能损耗，每年可节省上万亿千瓦时的电能。

1933年，德国物理学家瓦尔特·迈斯纳和罗伯特·奥克森菲尔德共同发现了超导体的另一个极为重要的性质——当金属处在超导状态时，这一超导体内的磁感应强度为零，把原来存在于体内的磁场排挤出去，人们将这种现象称之为“迈斯纳效应”。这说明超导体对磁体有强烈的排斥作用，利用超导现象可以制成磁悬浮列车，速度可达500 km/h以上。有关超导的理论及其应用，正在深入研究中。

【人物小传】

发明大王爱迪生

托马斯·阿尔瓦·爱迪生(如图3-21)，美国发明家、物理学家、企业家。

爱迪生1847年2月11日出生于美国中西部的俄亥俄州米兰镇，7岁时因患猩红热而耳聋，他仅读了三个月的书就被老师斥为“低能儿”而撵出校门，母亲是他的“家庭教师”。12岁的时候，爱迪生获得了在列车上卖报的工作。这期间，他用一架旧印刷机印刷《先驱报》，并用挣来的钱在行李车上建立了一个化学实验室。1862年8月的一天，爱迪生在火车轨道上救出了一个男孩，孩子的父亲为了表达感激之情，教他电报技术。从此，爱迪生便与神秘的电世界结下了不解之缘，踏上了发明之旅。

图 3-21　爱迪生

1863 年起爱迪生担任电信报务员，1868 年，他以报务员的身份获得了第一项发明专利，这是一台自动记录投票数的装置，也就是“投票计数器”。1869 年 6 月初，爱迪生以修电报机的技术谋得了一个比较满意的工作。之后，他发明了“爱迪生印刷机”。他用卖印刷机的钱建了一座工厂，专门制造各种电气机械。他通宵达旦地工作，培养出许多能干的助手，同时做出了诸如蜡纸、油印机等发明。

1876 年春天，爱迪生在新泽西州的“门罗公园”建造了第一所“发明工厂”，它标志着集体研究的开端。1877 年，他改进了早期的贝尔电话，并使之进入实际应用。他还发明了留声机。到这个时候，人们都称他为“门罗公园的魔术师”。

爱迪生试用了 6 000 多种灯丝材料，在经历了无数次失败后，找到了合适的发光体，对电灯的研究取得了突破。1879 年 10 月 22 日，他终于点燃了第一盏有实用价值的电灯。

爱迪生使用一条胶片拍下一系列照片，将它们连续地、迅速地映到幕布上，产生出运动的感觉，这就是他于 1889 年在实验室里试验成功的电影。1891 年他申请了这项专利。1903 年，他的公司摄制了第一部故事片《列车抢劫》。

1887 年爱迪生开始创建通用电气公司。

爱迪生的贡献巨大，“秘诀”是什么？是因为他有一颗好奇心，一种事事亲自试验的探索热忱，以及超乎常人的精力和顽强精神。当有人称赞爱迪生是个“天才”时，他却谦虚地说：“天才就是 2% 的灵感加上 98% 的汗水。”除此之外，他能把科学家、工程师、工人组织起来，靠集体的力量来进行技术“攻关”，这也是他取得成就的重要原因。

爱迪生于 1931 年 10 月 18 日病逝于美国新泽西州西奥兰治，享年 84 岁。

爱迪生一生的发明共有两千多项，在美国拥有 1328 项专利，为人类的文明和进步做出了巨大贡献。今天，当我们在灯下读书、观看电影、欣赏录音时，会不会想到这位对人类做出伟大贡献的发明家呢？

【思考和讨论】

你家有哪些电器？它们的额定电压是多少？功率大概是多少？

【问题与练习】

1. 首先发现超导现象的是（　　）。
   A. 昂内斯　　B. 法拉第　　C. 安培　　D. 库仑
2. 最早发明电影的是（　　）。
   A. 爱迪生　　B. 爱因斯坦　　C. 富兰克林　　D. 瓦特

第三节　磁场　电流和磁场

一、磁现象

古代人们就发现了天然磁石吸引铁器的现象。我国春秋战国时期的一些著作已有关于磁石的记载和描述，而东汉学者王充在《论衡》一书中描述的“司南”，是人们公认的最早的磁性定向工具。指南针是我国古代四大发明之一，12 世纪初，我国已将指南针用于航海。

人们最早发现的天然磁石的主要成分是 Fe_3O_4。现在使用的磁体，多是用铁、钴、镍等金属或用某些氧化物制成的。天然磁石和人造磁体都叫作永磁体，它们都能吸引铁质物体，我们把这种性质叫作磁性。磁体的各部分磁性强弱不同，磁性最强的区域叫作磁极。能够自由转动的磁体，例如小磁针，静止时指南的磁极叫作南极，又叫 S 极；指北的磁极叫作北极，又叫 N 极。

二、磁场

我们知道，两个电荷之间相互作用的静电力，不是在电荷之间直接发生的，而是通过电场来实现的。同样，磁极之间的相互作用也不是在两个磁极之间直接发生的。正像电荷产生电场一样，磁体也在其周围产生磁场。磁场是看不见、摸不着的特殊物质，磁体间的相互作用就是通过磁场实现的。

三、电流的磁效应

电现象与磁现象有很多相似之处，这不禁引起我们的猜想：两者之间可能存在某种联系。自然界中的磁体总存在着两个磁极，自然界中同样存在两种电荷。不仅如此，磁极之间的相互作用，与电荷之间的相互作用具有相似的特征：同名磁极或同种电荷相互排斥，异名磁极或异种电荷相互吸引。

1731 年，一名英国商人发现，雷电过后，他的一箱刀叉竟然有了磁性。1751 年，富兰克林发现莱顿瓶放电能使缝衣针磁化。

但是，也许是由于磁极不可能像电荷那样单独存在，也许是磁体不会对带电体产生直接影响……也许是由于其他原因，直到 19 世纪初，库仑、托马斯·杨和安培等著名物理学家，都认为电与磁是互不相关的两回事。不过，在 18 世纪和 19 世纪之交，随着对摩擦生热及热机做功等现象认识的深入，自然界各种运动形式之间存在着相互联系并相互转化的思想，在哲学界和科学界逐渐形成。深受康德哲学思想影响的丹麦物理学家奥斯特相信，就像电和热、电和光之间存在联系一样，电和磁之间也应该存在着联系。

1820 年 4 月的一天，在一次讲课中，奥斯特偶然把导线沿南北方向放置在一个带玻璃罩的指南针上方（如图 3－22），通电时磁针转动了。这个现象没有引起听众的注意，但却引起奥斯特的高度关注，他连续进行了大量研究，同年 7 月发表论文，宣布发现了电流的磁效应，首次揭示电与磁的联系：电流产生磁场。

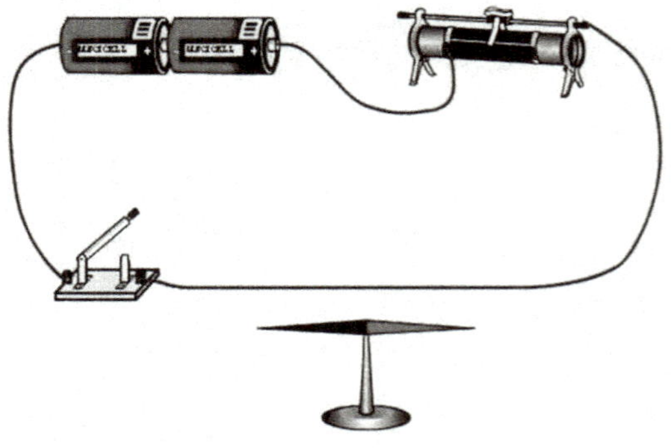

图 3－22　奥斯特实验

四、磁感应强度

巨大的电磁铁能吸起成吨的钢铁，实验室中的小磁铁却只能吸起几枚铁钉。磁体磁性的强弱，表现为它所产生的磁场对磁性物质的作用力的强弱。也就是说，磁场有强弱之分。我们用磁感应强度来表示磁场的强弱，用字母 B 代表。磁感应强度的大小是根据磁场对电流的作用力来确定的，单位是特斯拉，简称特，符号是 T。

磁感应强度是矢量。磁场中某点的磁感应强度的方向就是该点的磁场方向。

五、磁感线

我们已经知道，在磁场中的每一点，磁感应强度 B 都有一定的方向。如果在磁场中画出一些曲线，使曲线上每一点的切线方向都和这点的磁感应强度的方向一致（如图 3－23），也就是小磁针在该点静止时北极的指向，这样的曲线就叫作磁感线。磁感线是永不相交的、封闭的曲线。通常用磁感线的疏密程度表示磁场的强弱，磁感线越密的地方，磁场越强。利用磁感线可以形象地描述磁场。

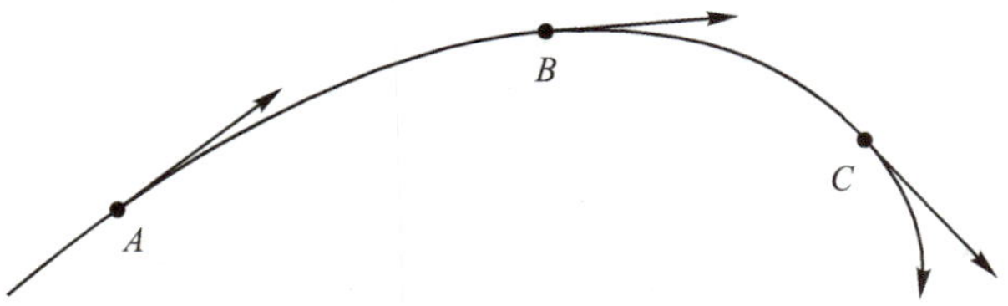

图 3－23　磁感线的方向

实验中常用铁屑来模拟磁感线的形状。在磁场中放一块玻璃板，玻璃板上均匀地撒一层细铁屑，细铁屑就在磁场里磁化成“小磁针”。轻敲玻璃板，铁屑就会有规则地排列起来，模拟出磁感线的形状，如图 3－24、3－25、3－26 所示。在磁极附近，磁场较强，磁感线较密。

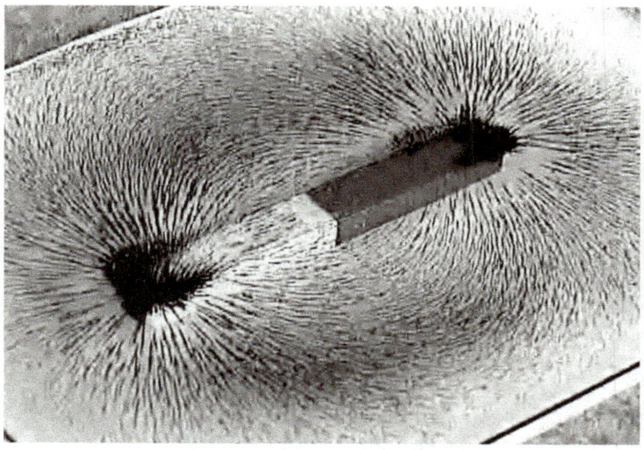

图 3－24　铁屑模拟条形磁体磁场

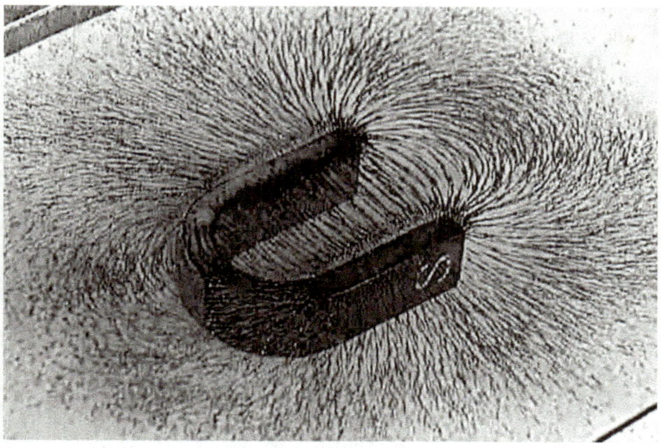

图 3－25　铁屑模拟蹄形磁体磁场

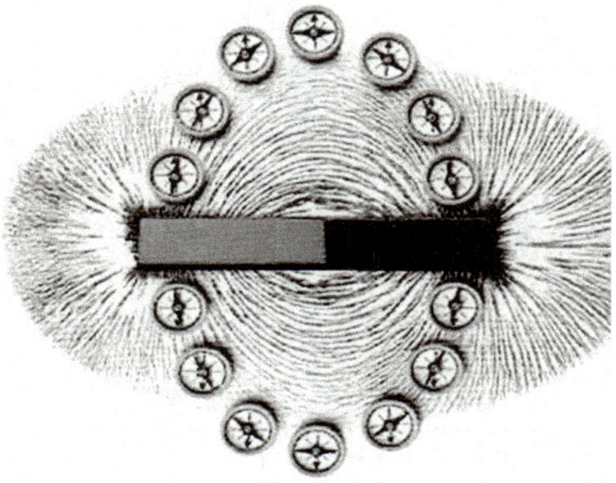

图 3－26　小磁针北极指向磁场方向

需要指出的是，磁感线实际上并不存在，只是为了形象地描述磁场而假想的线。

如果在磁场的某一区域里，磁感应强度的大小和方向处处相同，这个区域的磁场就称为匀强磁场。匀强磁场的磁感线是间隔相等、方向相同的平行直线（如图 3－27）。匀强磁场是很简单但又很重要的磁场，在电磁仪器中有重要的应用。

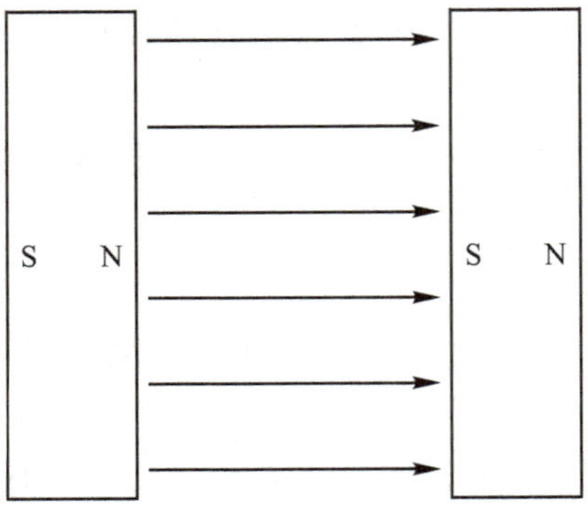

图 3－27　匀强磁场示意图

六、电流的磁场

1. 直线电流的磁场

把小磁针放到通电直导线附近，根据磁针的指向，可以研究它周围磁场的分布（如图 3－28）。直线电流的磁场方向可以用安培定则判定：右手握住导线，让伸直的拇指所指的方向跟电流方向一致，弯曲四指所指的方向就是磁感线的环绕方向。这个规律也叫右手螺旋定则（如图 3－29）。

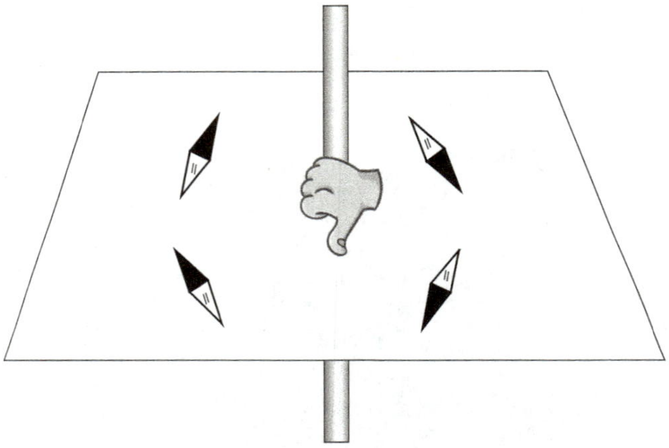

图 3－28　直线电流的磁场

图 3－29　安培定则

由直线电流所产生磁场的磁感线是以导线为圆心排列的同心圆（如图 3－30）。

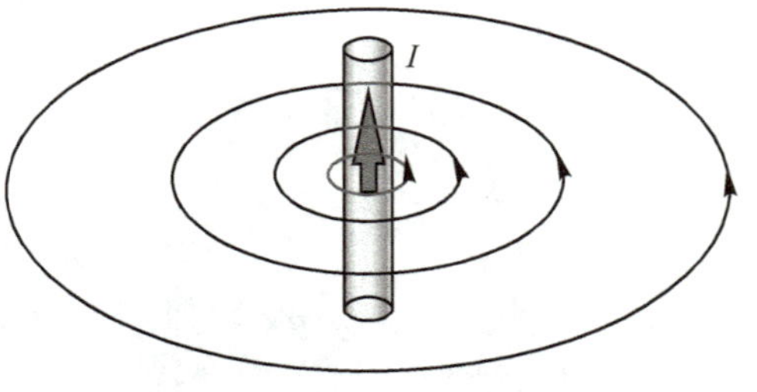

图 3－30　直线电流的磁感线

2. 环形电流的磁场

环形电流的磁场也可以用小磁针来研究，并且也可以用另一种形式的安培定则表示（如图 3－31）：让右手弯曲的四指与环形电流的方向一致，伸直的拇指所指的方向就是环形导线轴线上磁感线的方向。

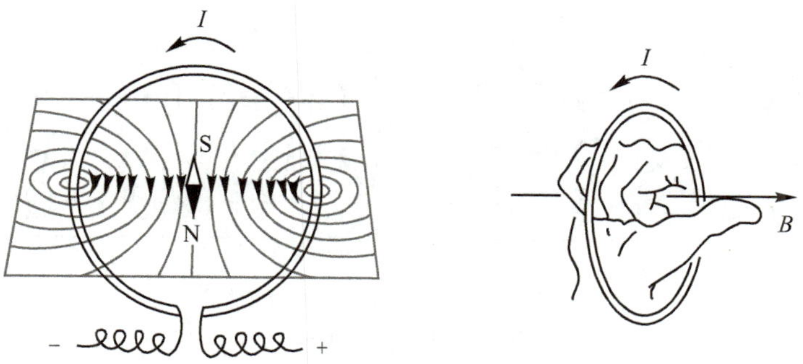

图 3-31　环形电流的磁场

3. 通电螺线管的磁场

环形电流其实就是只有一匝的通电螺线管,通电螺线管则是许多匝环形电流串联而成的。因此,通电螺线管的磁场也就是这些环形电流磁场的叠加。通电螺线管的磁场也可以用安培定则来判定:右手握住螺线管,让弯曲的四指所指的方向跟电流的方向一致,伸直的拇指所指的方向就是螺线管内部磁场的方向(如图 3-32)。

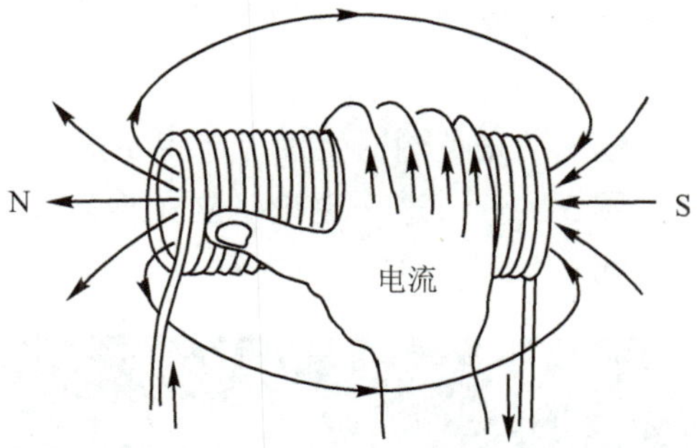

图 3-32　通电螺线管的安培定则

通电螺线管外部的磁场相当于一个条形磁铁的磁场。

与天然磁体的磁场相比,电流磁场的强弱容易控制,因而在实际生活中有很多重要的应用。电磁起重机、电话、电动机、发电机,以及在自动控制中普遍应用的电磁继电器等,都离不开电流的磁场。

七、安培分子电流假说

磁铁和电流都能产生磁场。它们的磁场有什么联系？我们知道,通电螺线管外部的磁场与条形磁铁的磁场十分相似,法国科学家安培(1775—1836 年)由此受到启发,提出了著名的分子电流假说。他认为,在原子、分子等物质微粒的内部,存在着一种环形电流——分子电流。分子电流使每个物质微粒都成为微小的磁体,它们的两侧相当于两个磁极(如图 3-33)。

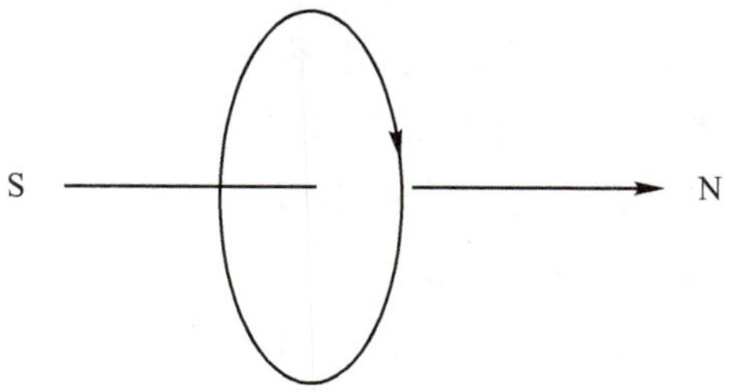

图 3-33　分子电流相当于小磁体

安培的假说能够解释一些磁现象。一条铁棒未被磁化的时候,内部分子电流的取向是杂乱无章的,它们的磁场互相抵消,对外不显磁性(如图 3-34 甲)。当铁棒受到外界磁场的作用时,各分子电流的趋向变得大致相同,铁棒被磁化,两端对外界显示出较强的磁作用,形成磁极(如图 3-34 乙)。磁体受到高温或猛烈撞击时会失去磁性,这是因为剧烈的热运动或震动使分子电流的取向又变得杂乱无章了。

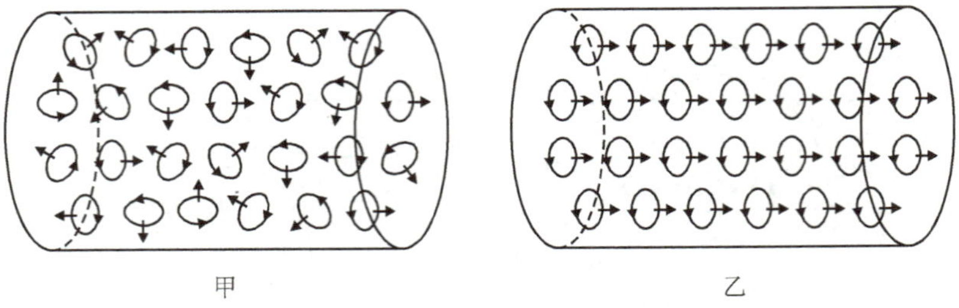

图 3－34　分子电流

在安培的时代，人们不知道物质内部为什么会有分子电流。20 世纪后，人们认识到，原子内部带电粒子在不停地运动，这种运动对应于安培所说的分子电流。

分子电流假说揭示了电现象和磁现象的本质联系，即磁体的磁场和电流的磁场一样，都是由运动电荷产生的。现代科学已经证明安培的假说是正确的，所有的磁现象都是由电荷的运动引起的。

八、地球的磁场

发现磁针能够指向南北，这实际上就是发现了地球的磁场。指南针的广泛使用，又促进了人们对地球磁场的认识。

历史上，第一个提出地磁场理论概念的是英国医生威廉·吉尔伯特。他在 1600 年提出一种观点，认为地球自身就是一个巨大的磁体（如图 3－35），这一理论确立了地磁场与地球的关系，指出地磁场的起因不应该在地球之外，而应在地球内部。

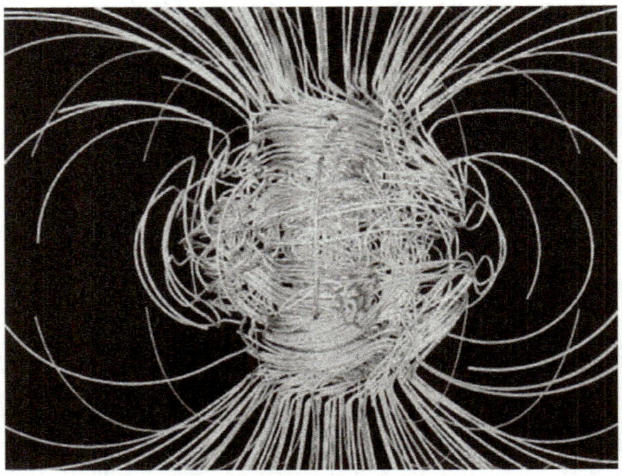

图 3－35　地球磁场示意图

地球磁层位于距大气层顶 600～1 000 km 高处，磁层的外边界叫磁层顶，离地面 50 000～70 000 km。在太阳风的压缩下，地球磁场向背着太阳一面的空间延伸得很远，形成一条长长的尾巴，称为磁尾。太阳风好像要把地球磁场从地球上吹走似的，尽管这样，地球磁场仍有效地阻止了太阳风的长驱直入。

地球的地理两极与地磁场的两极并不重合，因此，磁针并非准确地指向南北方向，其间有一个夹角，这就是地磁偏角（如图 3－36），简称磁偏角。磁偏角的数值在地球上不同地点是不同的。不仅如此，由于地球磁极的缓慢移动，磁偏角也在缓慢变化。磁偏角的发现对于科学的发展和指南针在航海中的应用都很重要。

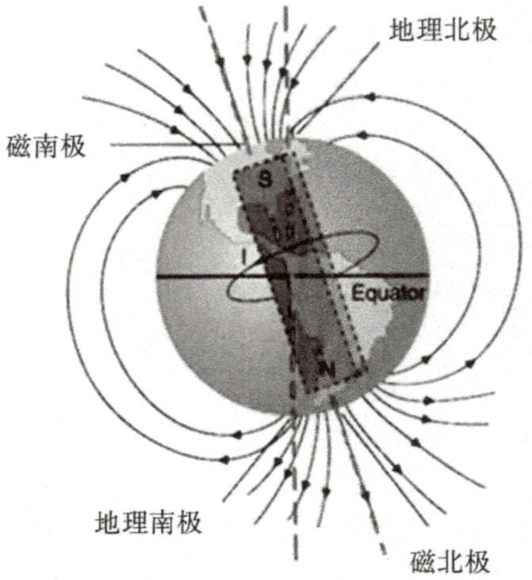

图 3－36　磁偏角

目前关于地球磁性形成的原因仍没有完全搞清楚。但科学家已确信这是由地核中熔化了的金属(铁和镍)的环流引起的。

不仅地球具有磁场,宇宙中的许多天体都有磁场。太阳表面的黑子、耀斑和太阳风等活动都与太阳磁场有关。

【阅读园地】

野外定向

在野外寻找方向,你知道有哪些方法?

使用指南针是最简单的方法。将指南针持平,红色指针就会指向北方(或南方)。在测试时,要远离刀子、铁制背包扣、铁轨、卡车、电线等物品,否则会影响测试结果。需要注意的是,指南针指出的"北"并不是真正的正北,一般情况下,两者有细微的差别。在我国除部分磁力异常的地区外,指南针所指的北方都是离开地理北极而略向西偏。磁偏角还不断缓慢地变化着,地图上的磁偏角只是测绘此图时的数据。

还可以用手表来确定方向。在北半球,可将手表放平,使时针指向太阳,时针与 12 点形成的夹角的平分线方向即为南方。

太阳东升西落,我们在北半球观察到太阳在偏南的天空运动,由此也能确定出大致的北方;通过北斗七星"斗口"的两颗星的连线,朝斗口方向延长约两星距离的 5 倍远,就能找到北极星,即正北方向;积雪融化的地方向着南方,树桩上年轮相对密集的一面向着北方,树叶相对茂盛的一面向着南方,树皮粗糙的一面向着北方,我国西北地区的沙丘一般是从西北向东南方向移动……

【思考和讨论】

指南针指的是正南正北方向吗,为什么?

【问题与练习】

1. 首先发现电流磁效应的是(　　)。

A. 奥斯特　　B. 法拉第　　C. 安培　　D. 库仑

2. 第一个提出地磁场概念的是(　　)。

A. 吉尔伯特　　B. 奥斯特　　C. 富兰克林　　D. 法拉第

3. 分子电流产生磁场,这就是磁现象的电本质,提出这个观点的是(　　)。

A. 安培　　B. 库仑　　C. 奥斯特　　D. 法拉第

第四节　磁场的作用

一、磁场对通电导线的作用

既然通电导线能产生磁场,它本身也相当于一个磁体,那么通电导线在磁场中是否也受到力的作用呢? 我们通过实验来观察。

【演示】

观察安培力

如图 3－37 所示，把一段直导线放到磁场中，当导线中有电流通过时，可以看到原来静止的导线会运动。

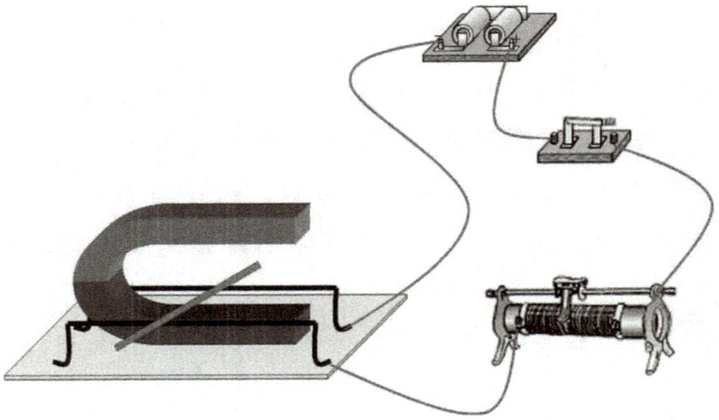

图 3－37　磁场对通电导线的作用力

磁场对通电导线的作用力称为安培力。由于法国科学家安培最早研究了磁场对通电导线的作用，后人为纪念他而命名了这种力。

把一段通电直导线放在磁场里，当导线方向与磁场方向垂直时，它所受的安培力最大；当导线方向与磁场方向一致时，导线不受安培力；当导线方向与磁场方向斜交时，它所受的安培力介于最大值和零之间。我们只研究导线所受安培力最大的情形。

【演示】

影响安培力大小的因素

如图 3－38 所示，三块相同的蹄形磁铁并排放置，可以认为磁极间的磁场是均匀的。将一根直导线悬挂在磁铁的两极间，有电流通过时悬线将摆动一个角度，通过这个角度可以比较安培力的大小。

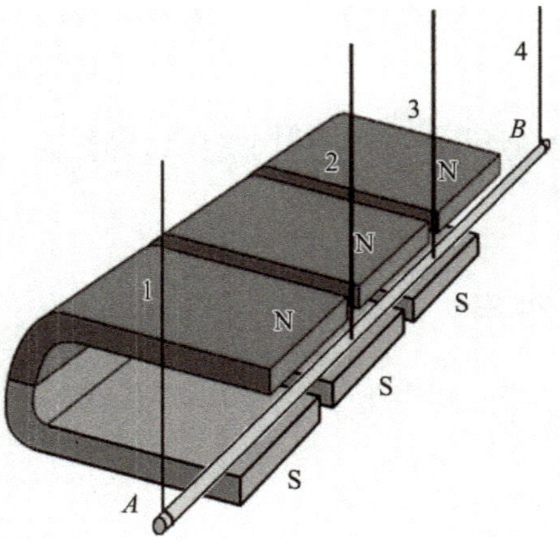

图 3－38　研究影响安培力大小的因素

分别接通“2、3”和“1、4”可以改变导线通电部分的长度，电流的强弱由外部电路控制。

先保持导线通电部分的长度不变，改变电流的大小；然后保持电流不变，改变导线通电部分的长度。观察这两个因素对安培力的影响。

大量实验表明，当导线和磁感应强度垂直时，通电导线在磁场中所受安培力的大小 F，跟磁感应强度

B、电流 I 和导线长度 L 的关系可以用公式表示为：

$$F = BIL$$

安培力的方向既跟磁感应强度的方向垂直，又跟电流方向垂直，三个方向之间的关系可以用左手定则（如图 3－39）来判定：伸开左手，使拇指跟其余四指垂直，并且都跟手掌在同一个平面内；让磁感线穿入手心，并使四指指向电流的方向，那么，拇指所指的方向就是通电导线所受安培力的方向。

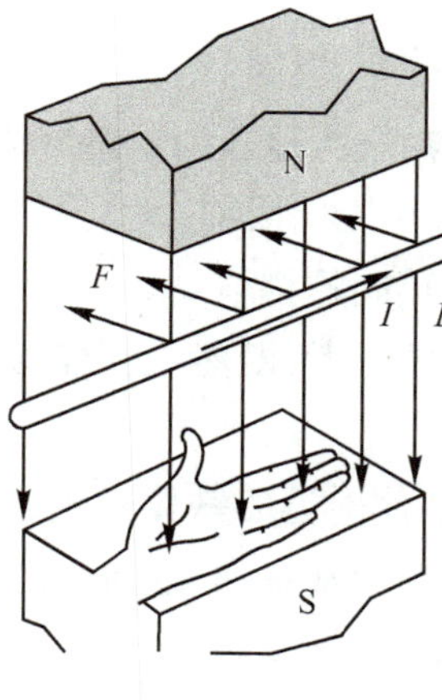

图 3－39　左手定则

二、磁场对运动电荷的作用

我们知道，电流是由电荷的定向移动形成的。在示波器、电视机、X 射线机、电子显微镜等仪器中，都有一个真空玻璃管。在这个玻璃管内，电子束由阴极出发，穿过真空到达阳极，实际上也是一种电流。既然磁场对通电导线有力的作用，我们可以猜测，磁场对运动电荷也有力的作用，而作用在导线上的安培力则是作用在运动电荷上的力的宏观表现。

为检验这种猜想，我们看一个实验。

【演示】

电子束在磁场中的偏转

在真空玻璃管内安装一个阴极、一个阳极。阴极接高电压的负极，阳极接正极。阴极能够发射电子，电子束在两极之间的电场力的作用下从阴极飞向阳极。这个管子叫作电子射线管（如图 3－40）。为了显示电子束运动的情况，管内装有长条形的荧光屏。屏上的物质受到电子的撞击时能够发光。

（1）没有磁场时，观察电子束的径迹（如图 3－40 甲）。

（2）把电子射线管放在蹄形磁铁的两极之间，观察电子束的径迹（如图 3－40 乙）。

（3）调换磁铁南北极的位置，再次观察电子束的径迹。

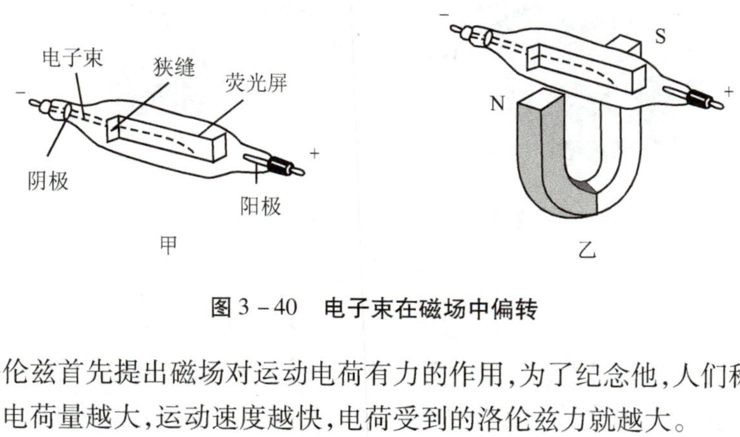

图 3－40　电子束在磁场中偏转

荷兰物理学家洛伦兹首先提出磁场对运动电荷有力的作用，为了纪念他，人们称这种力为洛伦兹力。研究发现，磁场越强，电荷量越大，运动速度越快，电荷受到的洛伦兹力就越大。

洛伦兹力的方向跟磁场的方向、电荷运动的方向有关，它们之间的关系也可以用左手定则来判定：伸开左手，使拇指跟其余四个手指垂直，并且都与手掌在同一个平面内；让磁感线从掌心进入，并使四指指向正电荷运动的方向，这时拇指所指的方向就是运动的正电荷在磁场中所受洛伦兹力的方向。

运动的负电荷在磁场中所受洛伦兹力的方向跟正电荷的相反。

三、电磁感应现象

1. 划时代的发现

奥斯特在1820年发现了电流的磁效应，极大地震动了整个科学界，它证实电现象与磁现象是有联系的。有关电与磁关系的崭新领域突然洞开在人们面前，激发了科学家们的探索热情。一个接一个新发现，像浪潮一样冲击着欧洲大陆，也激励着英国的科学界。

电流磁效应的发现引起了这种对称性的思考：既然电流能够引起磁针的运动，那么为什么不能用磁铁使导线中产生电流呢？

人们早就认识了磁化现象，知道磁体能使附近的铁棒产生磁性。人们还知道，带电体能使它附近的导体感应出电荷来。英国科学家法拉第敏锐地观察到：磁与电之间也应该有类似的“感应”，并在1822年的一篇日记中留下了“由磁产生电”这样闪光的思想。

法国物理学家安培也曾将恒定电流或磁铁放在导体线圈附近，试图“感应”出电流，种种尝试均无所获。瑞士人科拉顿的实验研究也遗憾地与成功擦肩而过。只有法拉第依然魂牵梦萦，就像他后来所说的那样：“从通常的磁铁获得电的希望，曾在各个时期促使我通过实验进行考察……”

然而道路并不平坦。他于1822年12月、1825年11月和1828年4月做过三次集中的实验研究，均以失败告终。原因在于，法拉第认为，既然奥斯特的实验表明有电流就会有磁场，那么有了磁场就一定会有电流。遗憾的是，他在这些实验中使用的都是恒定电流产生的磁场，看看这样的磁场是不是会在某个电路中产生感应电流。

法拉第愈挫愈勇，多次失败后，1831年8月29日，他终于发现了电磁感应现象：把两个线圈绕在同一个铁环上（如图3－41），一个线圈接到电源上，另一个线圈接入“电流表”，在给一个线圈通电或断电的瞬间，另一个线圈也出现了电流。寻找10年之久的“磁生电”的效应终于被发现了。成功属于坚持不懈的有心人！法拉第在奥斯特之后进一步揭示了电现象与磁现象之间的密切联系。

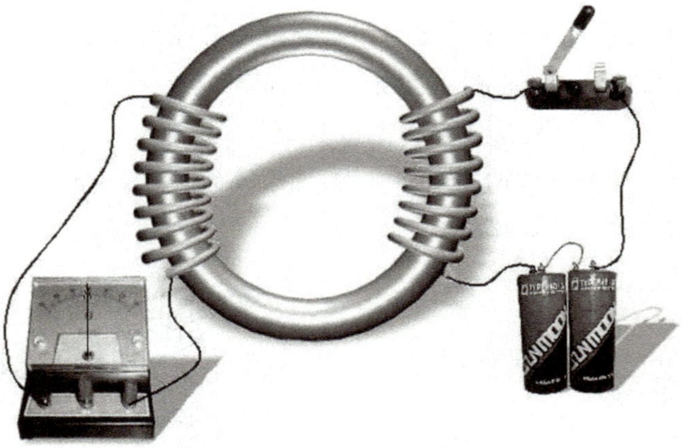

图3－41　法拉第实验示意图

2. 电磁感应现象

经过第一次成功的实验之后，法拉第从此茅塞顿开，立即领悟到，“磁生电”是一种在变化、运动的过程中才能出现的效应。于是他设计并动手做了几十个实验，深藏不露的各种“磁生电”的现象喷涌而出。法拉第把引起电流的原因概括为五类，它们都与变化和运动相联系，这就是：变化的电流、变化的磁场、运动的恒定电流、运动的磁铁、在磁场中运动的导体。他把这些现象定名为电磁感应，产生的电流叫作感应电流。

在什么条件下能够产生电磁感应？

【实验】

研究电磁感应

如图 3－42～图 3－44 所示，分别完成实验，看能否产生感应电流。

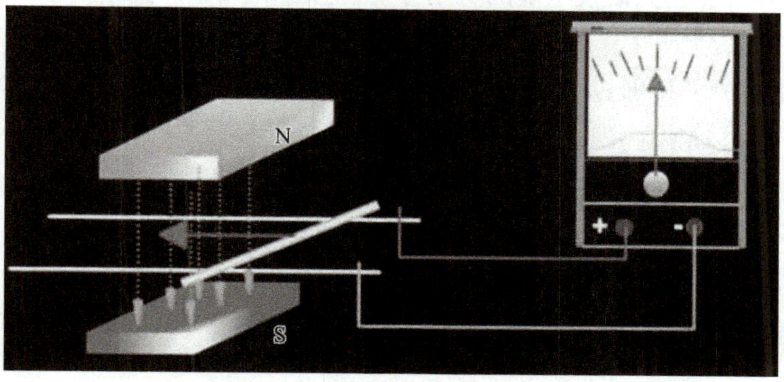

图 3－42　磁场中的一段导体做切割磁感线运动，电路中产生电流

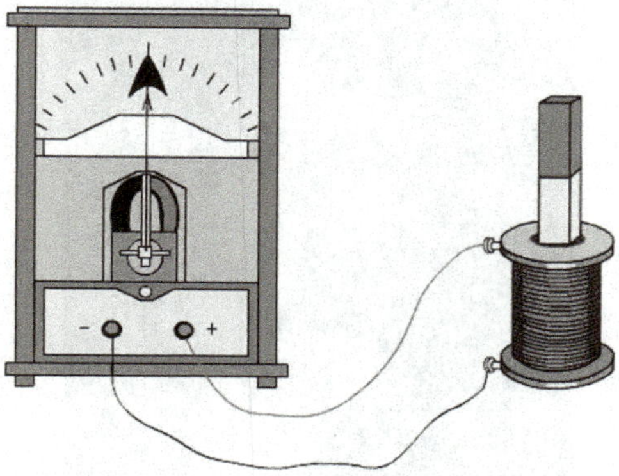

图 3－43　磁铁做上下运动而线圈不动，线圈中产生电流

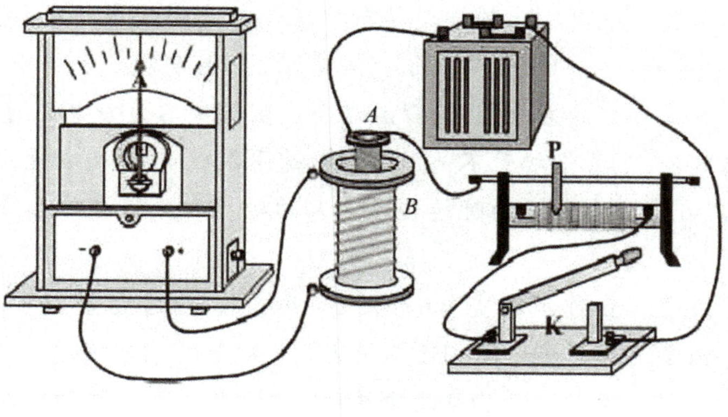

图 3－44　开关闭合和断开的瞬间，线圈 A 中的电流变化，线圈 B 中产生电流

上述实验都是用磁场产生电流，其中的关键是运动或变化。

如果规定，穿过某一平面的磁感线条数叫作穿过这个平面的磁通量，那么，大量实验事实表明：只要穿过闭合电路的磁通量发生变化，闭合电路中就有感应电流产生。

电磁感应的发现使人们对电与磁内在联系的认识更加完善，宣告了电磁学作为一门统一学科的诞生。同时也告诉我们：电能的产生一定是以消耗其他形式的能量为代价的。在前面的实验中，无论导体切割磁感线，还是把磁铁插入线圈或从线圈中抽出，都是消耗了机械能才获得了电能。而在电池中，是将化学能转变成了电能。

今天，我们使用的电能从各种形式的能量转化而来：风力发电，是把空气流动的动能转化为电能；水力发电，是利用水的机械能带动发电机来发电；火力发电，是利用石油、天然气或煤燃烧时的内能，推动蒸汽轮机再带动发电机来发电……随着社会对电力需求的不断增大，人们一直在探索获取电能的更好方法。但是到目前为止，各种获得大规模电能的实用方案，都是以法拉第电磁感应为理论基础的，不同的只是如何来推动发电机而已。

当奥斯特发现电流的磁效应时，法拉第曾赞扬道："它突然打开了科学中一个黑暗领域的大门，使其充满光明。"看来，这样的赞誉应由他们共享。

【人物小传】

安培

安德烈·玛丽·安培(1775—1836 年，如图 3－45)，法国物理学家、化学家、数学家，在电磁作用方面的研究成就卓著。

图 3－45　安培

安培最有影响的科学工作是在电磁学领域。奥斯特发现电流磁效应的实验，引起了安培的注意，使他长期信奉库仑关于电、磁没有关系的信条受到了极大震动，他集中精力开始研究，并有了新的发现，提出了磁针转动方向和电流方向关系的右手定则，以后这个定则被命名为安培定则。

安培创造出第一个螺线管，尽管螺线管不是用铁丝而是用铜丝绕成的，但是，接通电源以后却能够吸引小铁钉。安培发现，电流在线圈中流动的时候表现出来的磁性和磁铁相似，在这个基础上发明了探测和度量电流的电流计。

安培做了通电平行导线间相互作用的实验(如图 3－46)，证明通电导线间就像磁极和磁极之间一样，也会发生相互作用，得出了关于电流之间相互作用力的大小和方向的安培公式，后来人们把这个定律称为安培定律。"电动力学"这一名称也是由安培创造的，1827 年安培将他的电磁现象的研究综合在《电动力学现象的数学理论》一书中，这是电磁学史上一部经典论著。

安培根据"磁是由运动的电荷产生的"这一观点来说明地磁的成因和物质的磁性，提出了著名的分子电流假说。安培的分子电流假说在当时物质结构的知识甚少的情况下无法证实，带有相当大的臆测成分，今天已经了解到物质由分子组成，而分子由原子组成，原子中有绕核运动的电子，安培的分子电流假说有了实在的内容，已成为认识物质磁性的重要依据。

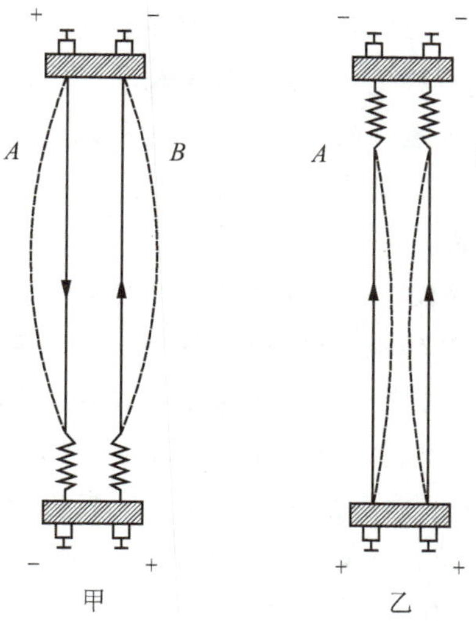

图 3－46　安培平行导线实验

安培对电学的贡献是多方面的，而且是奠基性的，麦克斯韦把安培称为“电学中的牛顿”。今天，在各种电器的铭牌上常常可以看到安培名字的第一个字母 A，那是人们用电流的单位“安培”，来纪念他在电磁学上的杰出贡献。

法拉第

迈克尔·法拉第（1791—1867 年，如图 3－47），英国物理学家、化学家，发明家，也是著名的自学成才的科学家。

图 3－47　法拉第

法拉第出生于一个贫苦的铁匠家庭，幼年时没有受过正规教育，只读了两年小学，做过报童，当过学徒。他不放过任何一个学习的机会，坚持不懈地勤奋自学。1821 年法拉第完成了第一项重大的电发明。在这之前，奥斯特已发现了电流的磁效应。法拉第从中受到启发，认为假如磁铁固定，线圈就可能会运动。根据这种设想，他成功地发明了一种简单的装置，在装置内，只要有电流通过线路，线路就会绕着一块磁铁不停地转动。事实上法拉第发明的是第一台电动机，虽然装置简陋，但它却是今天世界上使用的所有电动机的祖先。

1831 年，在经历了无数次失败之后，法拉第终于发现了电磁感应现象。一般认为法拉第的电磁感应定律是他最伟大的贡献。法拉第的这个发现扫清了探索电磁本质道路上的拦路虎，开辟了在电池之外大量产生电流的新道路。根据电磁感应,1831 年 10 月 28 日法拉第发明了圆盘发电机,这是法拉第第二项重大的电发明。虽然这个圆盘发电机结构简单,但它却是人类创造出的第一个发电机。

1837 年,法拉第首先提出了电场和磁场的概念,指出电和磁的周围都有“场”的存在,这打破了牛顿力学“超距作用”的传统观念。1838 年,他以惊人的想象力创造性地提出了“电力线”的概念,形象地描述“场”的物理图景,这是物理学理论上的一次重大突破。

1852 年,法拉第又提出了磁力线的概念,从而为经典电磁学理论的建立奠定了基础。后来,英国物理学家麦克斯韦用数学工具研究法拉第的磁力线理论,最后完成了经典电磁学理论。

法拉第的贡献惠及每个人,把人类文明提高到了空前的高度,把文明进程提前几十甚至几百年。许多人对电学做出过贡献,法国物理学家查利·奥古斯丁·库仑,意大利物理学家亚历山德罗·伏特,丹麦科学家汉斯·克里斯琴·奥斯特,法国科学家安德烈·玛丽·安培等都在最重要的人物之列。但是比其他人遥遥领先的是两位伟大的英国科学家迈克尔·法拉第和詹姆士·克拉克·麦克斯韦。虽然他们俩人在一定程度上互为补充,但却不是合作人,其中各自的贡献都足以使他们在电磁学的发展史上名垂青史。生活在电气化时代的我们,应该永远缅怀他们在电磁学上无与伦比的贡献。

【思考和讨论】

试说出生活中哪些电器中使用了电动机。

【问题与练习】

1. 发现磁场产生电流现象的是(　　)。

　A. 法拉第　　B. 安培　　C. 奥斯特　　D. 洛伦兹

2. 最早研究磁场对通电导线作用的是(　　)。

　A. 法拉第　　B. 安培　　C. 奥斯特　　D. 洛伦兹

3. 最早提出磁场对运动电荷作用力的是(　　)。

　A. 法拉第　　B. 安培　　C. 奥斯特　　D. 洛伦兹

4. 最早发明发电机和电动机的是(　　)。

　A. 法拉第　　B. 安培　　C. 奥斯特　　D. 库仑

第五节　交变电流　电能的输送

19 世纪初,蒸汽机改变了自古以来依靠人力、畜力的生产形态。蒸汽动力推动着火车和船队,加快了不同国家、不同民族的物资流通和文化交流。大片农田变成工厂……

法拉第电磁感应定律的发现,激励着一批科学家和工程师进行机械能转变为电能的探索。他们设想:厂房中巨型发电机发出的电也许会比蒸汽动力更强大,它能通过导线跨越千山万水,让家家户户都用电流照明,机器、火车都由电流提供动力……

到了 1895 年,美国利用尼亚加拉大瀑布发出了巨大的电能。一年后,电能被传输到 20 英里外的布法罗市,使得全城大放光明。现在,电能已流淌到人们生活的各个领域。

如今,人类的电气化理想已经实现,电能不仅使我们的社会生活更加丰富多彩,而且已经成为支撑现代社会发展的重要支柱。

一、交流发电机

现代化的发电厂中工作着的发电机,能够源源不断地发出电来。如图 3－48 是交流发电机的原理图。发电厂里的交流发电机的构造要复杂得多,但是基本组成部分也是两部分,即产生感应电动势的线圈(通常叫作电枢)和产生磁场的磁体。电枢转动,磁极不动的发电机,叫作旋转电枢式发电机。如果磁极转动,电枢不动,线圈中同样会产生感应电动势,这种发电机叫作旋转磁极式发电机。不论哪种发电机，转动的部分都叫转子，不动的部分都叫定子。发电机的转子由蒸汽轮机、水轮机、风车叶片等带动。蒸汽轮机、水轮机、风车叶片等将机械能传递给发电机，发电机将机械能转化为电能，输送给外电路。

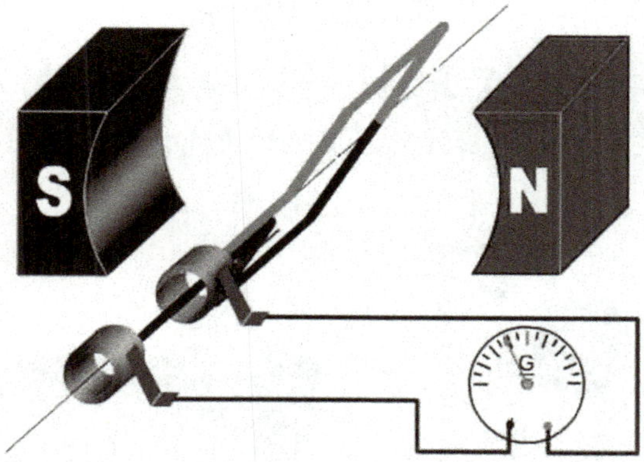

图 3－48　交流发电机原理

教学用手摇发电机的定子是磁铁，转子是线圈。

【演示】

交流发电机发电

如图 3－49，安好灯泡，转动摇把，可以看到灯泡被点亮。在转动过程中，灯泡的亮度有什么变化？电流表的示数有什么变化？

图 3－49　手摇交流发电机

大小、方向随时间做周期性变化的电流叫作交变电流，简称交流（AC）。方向不随时间变化的电流称为直流（DC）。教学用发电机产生的电流，大小和方向都在不断地变化，是一种交变电流。电池供给的电流，大小和方向都不随时间变化，所以属于直流。交变电流经过电子电路的处理，也能变成直流，学校实验室的学生电源就有这种功能。

二、交流的变化规律

【演示】

观察交流的波形

电网供给的交流电经过降压后能使小灯泡发光，把示波器的两个输入端接到小灯泡的两端（如图3－50），在荧光屏上会看到灯泡两端的电压随时间变化的曲线，如图3－51所示。

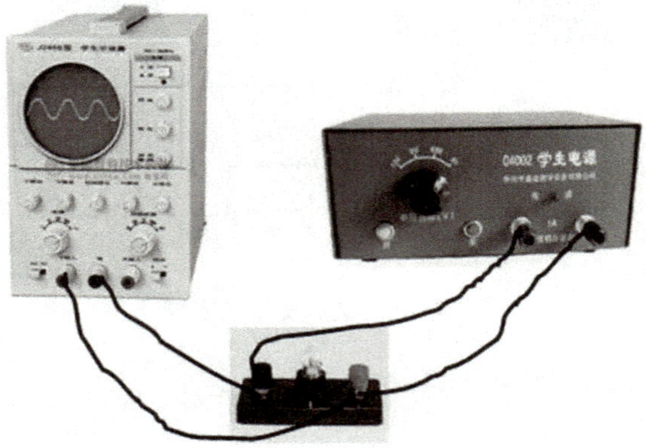

图3－50　观察电压的波形

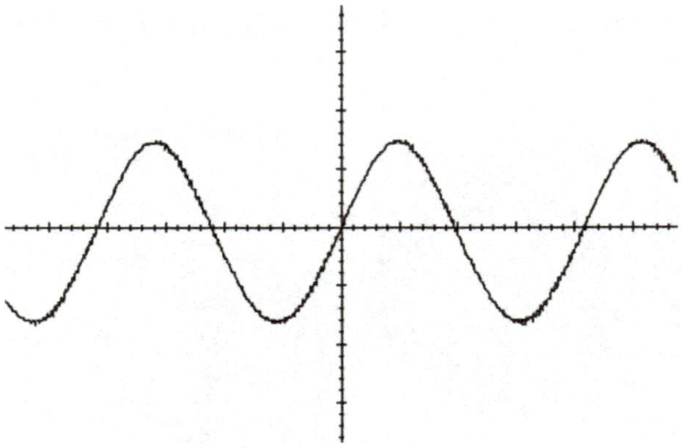

图3－51　小灯泡两端电压的波形

严格的数学分析表明，电网中的交变电流，它的电流、电压随时间按正弦函数的规律变化，叫作正弦式交变电流，简称正弦式电流。

交变电流的大小和方向在不断地变化，我们把交流电完成一次周期性变化所用的时间叫作交流电的周期。周期通常用T表示，它的单位是秒。交流在1 s内发生周期性变化的次数，叫作交流的频率。它的单位是赫兹，简称赫，符号是Hz。频率是供电质量的重要指标。

频率和周期有以下关系

$$T=\frac{1}{f}\quad 或\quad f=\frac{1}{T}$$

我国和大多数国家的电力系统都是提供按正弦式规律变化的交变电流，其周期是0.02 s，频率是50 Hz，生活用电是220 V。但也有部分国家（如美国、日本等）采用60 Hz的交变电流。

三、交流电的峰值和有效值

交流电的电压、电流在不停地变化。那么，我们通常说“电灯两端的电压是 220 V”，指的是什么电压？

交变电流的峰值是它能达到的最大数值，可以用来表示电流的强弱或电压的高低。例如，把电容器接在交流电路中，就需要知道电压的峰值。电容器所能承受的电压要高于交流电压的峰值，否则电容器就可能被击穿。

交流的电压或电流只有某些时刻达到峰值，如果按照峰值来标志交流的大小，存在许多不合理的因素。因此在描述交流的电压、电流时，要找一个合理的数值，这就是交流电压、电流的有效值。

交流的有效值，是根据电流的热效应规定的：把交流和直流分别通过相同的电阻，如果在相等的时间里他们产生的热量相等，我们就把这个直流电压、电流的数值称为交流电压、电流的有效值。

人们通常说家庭电路的电压是220 V，指的就是有效值。使用交流的电气设备上，标出的额定电压和额定电流都是有效值，一般交流电压表测量的数值也是有效值。以后提到交变电流的数值，凡没有特别说明的，都指有效值。

四、变压器

【演示】

变压器的作用

把两个没有导线相连的线圈套在同一个闭合铁芯上，一个线圈连到交流电源的两端，另一个线圈连到小灯泡上（如图 3－52）。小灯泡可能发光吗？为什么？

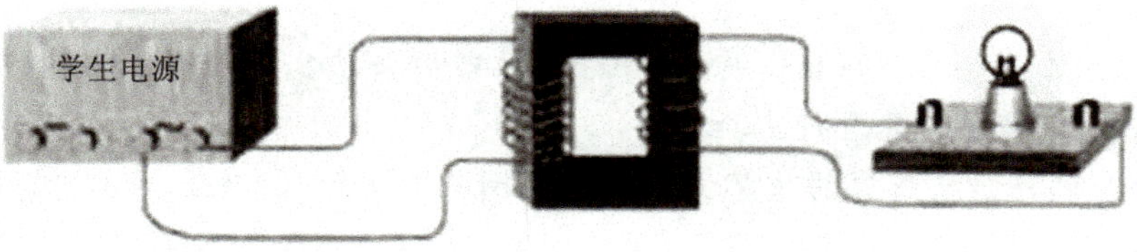

图 3－52　变压器的作用

1. 变压器的原理

变压器是由闭合铁芯和绕在铁芯上的两个线圈组成的（如图 3－53）。一个线圈与交流电源连接，叫作原线圈，也叫初级线圈；另一个线圈与负载连接，叫作副线圈，也叫次级线圈。

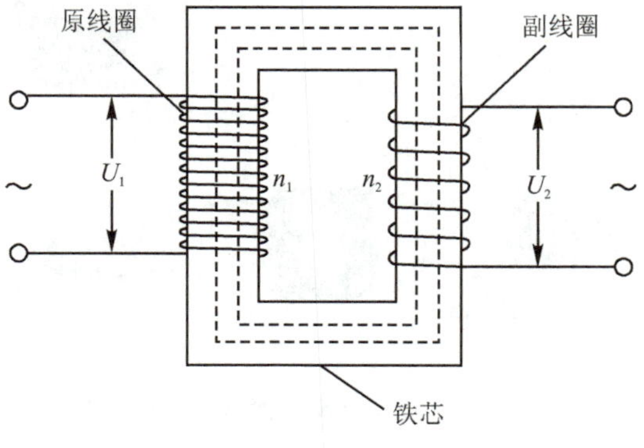

图 3－53　变压器示意图

变压器是利用电磁感应的原理来改变交流电压的。电流通过原线圈时在铁芯中激发磁场，由于电流的大小、方向在不断变化，铁芯中的磁场也在不断变化。变化的磁场在副线圈中产生感应电动势，所以尽管两个线圈之间没有导线相连，副线圈也能够输出电流。

在输入电压一定时，原线圈、副线圈取不同的匝数，副线圈输出的电压也不一样，变压器由此得名。使电压升高的变压器叫升压变压器，使电压降低的变压器叫降压变压器。

2. 电压与匝数的关系

【实验】

探究变压器两个线圈的电压关系

实验器材：学生电源、可拆变压器（配备几个不同匝数的线圈，如图 3－54）、多用电表、小灯泡。

图 3－54　可拆变压器

下面给出了实验的主要思路及应该注意的事项，阅读之后要结合自己的实际器材设计具体、详尽的操作步骤，设计记录表格，然后才能进行实验操作。

（1）把两个线圈套到可拆变压器的铁芯上。一个线圈作为原线圈，连到学生电源的交流输出端，另一个线圈作为副线圈。

（2）闭合电源开关，用多用电表的交流电压挡分别测量两个线圈两端的电压（如图 3－55）。测量时，先用量程比较大的交流电压挡，例如交流 50 V 挡，如果电压读数表明实际电压不太大，可以改用较小一级的电压挡。测量完毕时断开学生电源的开关。

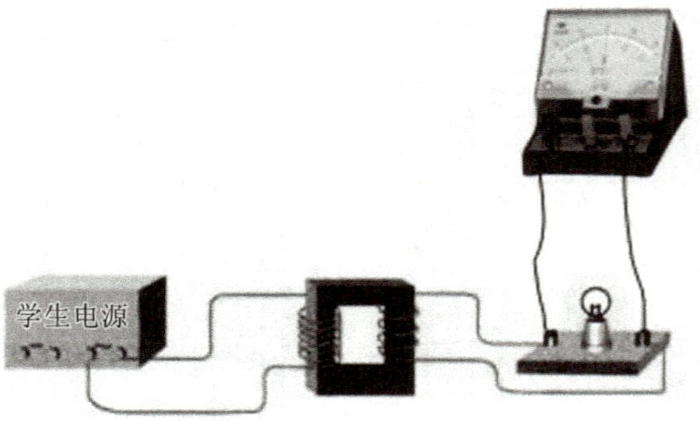

图 3－55　探究变压器两个线圈上的电压关系

（3）改变学生电源的电压设置，重复以上实验。

（4）原线圈与副线圈对调，重复以上实验。

(5)换用其他线圈,重复以上实验。

讨论:

(1)变压器的原线圈、副线圈的电压与两个线圈的匝数之间有什么关系?

(2)要使电压通过变压器后降低,副线圈的匝数应该比原线圈的匝数多些还是少些?要使电压升高呢?

(3)实验中铁芯温度有变化吗,为什么?

实验和理论分析都表明,原、副线圈的电压之比,等于两个线圈的匝数之比,即:

$$\frac{U_1}{U_2}=\frac{n_1}{n_2}$$

电流通过变压器线圈时会发热,铁芯在交变磁场的作用下也会发热。此外,交变电流产生的磁场也不可能完全局限在铁芯内。所以,变压器工作时有能量损失。没有能量损失的变压器叫作理想变压器。上式只适用于理想变压器。但是,实际上变压器的效率都是比较高的,特别是电力设备中的大型变压器,在满负荷工作时效率可以达到95%以上。所以,在一般计算中应用上式是可以的。

实际应用中需要改变交流电压的场合是很多的。大型发电机发出的交流,电压为几万伏,而远距离输电却需要几十万伏以上的电压。各种用电设备所需的电压也不相同。电灯、电饭锅、洗衣机等家用电器需要220 V的电压,机床上的照明灯需要36 V或24 V的安全电压。一般半导体收音机的电源电压不超过10 V,而电视机显像管却需要10 kV以上的高电压。由于有了变压器,交变电流的电压容易改变,所以交变电流得到了广泛的应用。

五、电能的输送

在城郊和农村,常常可以看到高压输电线在一根根高压杆塔的支撑下蜿蜒而去(如图3－56)。

图3－56　高压输电线

为了合理地利用自然资源,水电站要建在水库大坝上;以煤为燃料的火电站最好建在煤矿附近。但是电力用户可能在几百千米甚至几千千米之外,因此,常常要把电能输送到远方。用导线把电源和用电设备连接起来,就可以输送电能了,这是电能的一个突出优点。输电时,导线上会有电能损失,损失的电能主要是由电流的热效应引起的。怎样才能减少这种损失呢?

我们知道,导线的电阻越大,通过导线的电流越大,在导线上产生的热就越多,也就是损失的电能越多。因此,要减少电能输送时的损失,有两个途径:一是减小输电线的电阻;一是减小输送的电流。

1. 降低导线电阻

在导线长度一定的情况下,要使导线的电阻小些,应该尽量选用电阻率小的金属材料,例如铜、铝来制造导线,还要尽可能增加导线的横截面积。但是导线横截面积的增加是有一定限度的。过粗的导线会耗费太多的金属材料,而且输电线太重、太粗也给铺设工作带来困难。

实际上,远距离的输电线大多是多股导线绞合而成的。有一种绞合线,中心是钢线,它的机械强度大,使输电线不易拉断;钢线的周围是铝线,它不仅导电性能好,而且密度小,使输电线不致太重。

2. 降低输电电流

远距离输电时,为了降低输电线路中的损耗,就要减小输电电流;为了减小输电电流,同时又要保证向用户提供一定的功率,就要提高输电电压。现代远距离输电的电压都很高。目前我国远距离输电采用的电压有 110 kV、220 kV、330 kV,输电干线已经采用 500 kV 的超高压,西北电网的电压甚至达到 750 kV、1 000 kV。

输电电压是否可以无限提高呢?事实上,输电电压也不是越高越好。电压越高,对输电线路绝缘性能的要求就越高,线路修建费用就会增多。输电电压越高,变压器上的电压也越高,对变压器的要求也相应提高。输电线路还容易向大气放电,增加电能的损失。实际输送电能时,要综合考虑各种因素,如输送功率的大小、距离的远近、技术和经济要求等,依照不同情况选择合适的输电电压。

3. 电网供电

一般发电机组输出的电压在 10 kV 左右,不符合远距离输电的要求。因此,要在发电站用升压变压器,升压到几百千伏后再向远距离输电。到达数百千米甚至数千千米之外的用电区之后,先在“一次高压变电站”降到 100 kV 左右,在更接近用户的地点再由“二次变电站”降到 10 kV 左右。然后,一部分电能送往大量用电的工业用户,另一部分经过低压变电站降到 220 V/380 V,送给其他用户(如图 3 - 57)。

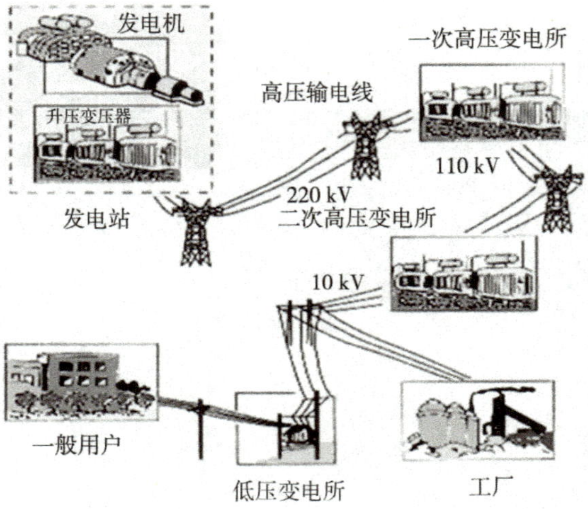

图 3 - 57　输电过程示意图

现在世界各国都不采用电厂与一批用户的“一对一”的供电方式,而是通过网状的输电线、变电站,将许多电厂和广大用户连接起来,形成全国性或地区性的输电网络,这就是电网。

采用电网输电,是输电技术的重要发展。这样可以在一次能源产地使用大容量的发电机组,降低一次能源的运输成本,获得最大的经济利益。电网可以提高发电和供电系统的安全可靠性,减小断电的风险,调剂不同地区电力供需的平衡,保障供电质量。使用电网,可以根据火电、水电、核电的特点,合理地调度电力,这就使得电气化社会的主要能源——电力的供应更加可靠,质量更高。

【阅读园地】

家庭电路基本常识

电力公司将220 V的交流送到家里。电流从室外经过入户线进入各户，接到电能表上，再经室内配线通往室内。家庭电路大致如图3－58所示。

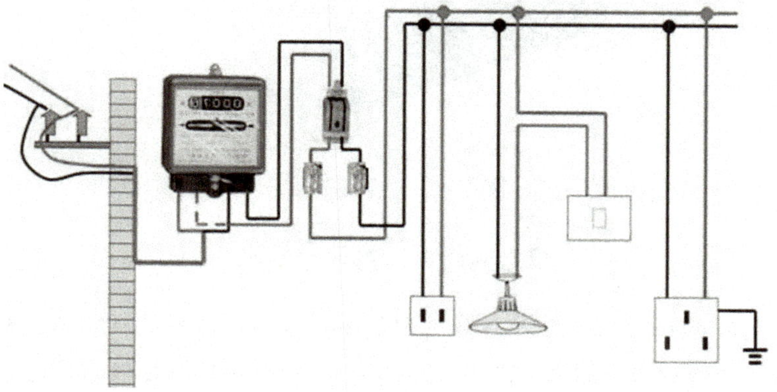

图3－58　家庭电路示意图

墙上的电源插座有的有两个插孔，有的有三个插孔。两个插孔的一个孔连接着相线（俗称火线），另一个孔连接着零线（也称中性线），零线在供电端与大地相连。人体不小心接触火线时，电流即由火线经人体与大地构成通路，极为危险。

有的家用电器的插头是两脚的，把它们分别接在火线与零线上就能工作。有的家用电器是三脚的，出厂时外壳已经连在中间的脚上，这就需要有三个插孔的电源插座。三孔插座中间那个孔在建设房屋布线时已经与大地相连，插头插入后电器的外壳就自然与大地相连了。

电器内部的电路与外壳完全绝缘，所以接触外壳不会触电，但是万一绝缘不好就有漏电的危险。为了保证人身安全，容易潮湿的电器如洗衣机、电冰箱、电热水器、洗碗机等的外壳必须接地，也就是用一条导线连在金属板上埋入大地，另一端与电器外壳连接。一旦漏电，电器外壳的电荷即可导入大地，使用者不致触电。

一定粗细的导线允许通过的电流是一定的，这在电线的产品说明书上都有标注。应该按房间里用电的多少配置相应规格的导线。早年建房时没有预见到现在家用电器的发展，电线比较细，多个家用电器同时使用时电流过大，电线会过热，有发生火灾的危险，这点应该引起高度注意。

为防止意外，家庭电路中都有保险装置，电流过大时可以自动切断电源。早期的保险装置是安装在总开关之后的保险丝。保险丝由熔点很低的合金制成，流过的电流超过一定值时即可熔断而切断电路。保险丝应与室内用电器串联后接在火线上，熔断后用电器与火线断开，即使不慎碰触电器内部，也不致触电。保险丝越粗，熔断所需的电流越大，更换时要注意其规格，绝不能用铜丝、铁丝等代替保险丝。

电力用户和新建楼房大都改用电磁保险装置。当电流超过安全值时，电磁铁发生作用使电路自动断开。排除故障后，只需把开关再扳回去即可使电路恢复正常。这样的开关叫作无熔断开关，选用时，须注意其标注的额定电流值。额定电流过大则起不到保护作用。如图3－59为某型号空气开关，是一种只要电路中电流超过额定电流就会自动断开的开关，是低压配电网络中非常重要的组成部分，常用于家庭配电中。

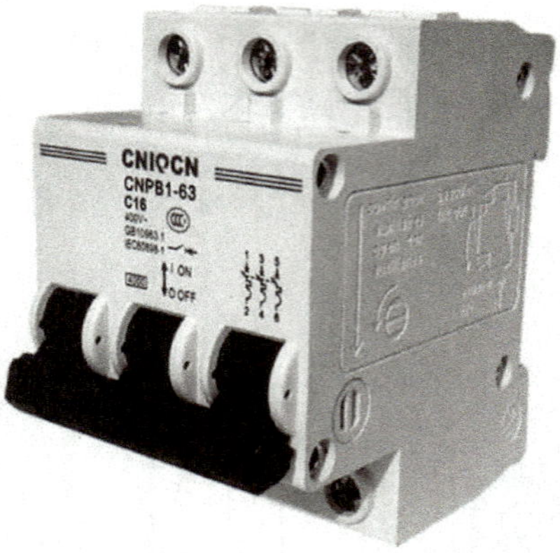

图 3 – 59　空气开关

日常生活中节约用电措施

电能是日常生活必不可少的能源，如今伴随着科技的日益进步，电子产品越来越多地出现在我们的日常生活中，这一方面有利于促进人们生活水平的提高，然而另一方面我们也应该看到因此带来的电能消耗。因此日常生活中节约用电意义重大。

日常生活中的电能消耗主要是家用电器，每个人都应该树立节约用电的意识，从小处做起。用节能灯代替白炽灯，可大大降低耗电量。电视机作为日常生活必不可少的家电，使用时间最长，要把音量和亮度调至最佳状态，声音越大、亮度越强就越耗电。另外不要让电视机长时间处于待机状态，这样不仅耗电，而且会缩短其寿命。电冰箱应放置在阴凉通风处，绝不能靠近热源，以保证散热片良好地散热，使用时，尽量减少开门次数和时间。对于空调，室温设定为 26 ℃左右为宜，开启空调时，要关闭门窗，定期清洗隔尘网，可节省 30% 左右的电能，不要频繁启动，停机后必须隔 2 至 3 分钟以后再开机。对于电热水器，温度设定在 60 ℃ ~ 70 ℃之间为宜，不应太高，不需用水时应及时关机，避免反复烧水。如家中每天都用热水，则应让热水器始终通电，并设置在保温状态。现如今网络时代，几乎家家都有路由器，家家都用网络机顶盒看电视，而这两种设备待机时功耗都很大，是家中的“偷电”高手，夜晚休息时，要关闭路由器和机顶盒电源。另外，休息时手机 WI – FI 也应关闭。在离开办公室或教室等公共场合时，要确保所有的电器都是关闭状态。

【思考和讨论】

查阅资料，了解我国电力事业发展的情况及与社会生活的关系，写一篇小论文。

【问题与练习】

节约用电的技巧，你知道有哪些?

第六节　电磁波

人类社会已经进入了信息时代。信息爆炸式的产生，通信成了信息时代的生命线。现代通信离不开电磁波。从电磁波的发现到信息高速公路的出现，我们仅仅用了 100 年。可以说，麦克斯韦的伟大预言和赫兹的电火花，照亮了人类利用电磁波通信的道路。

一、电磁波的发现

法拉第发现电磁感应现象那年，麦克斯韦（如图 3－60）诞生了。麦克斯韦从小热爱科学，喜欢思考，不到 10 岁就随父亲到皇家学会听科学讲座，15 岁就发表了他的第一篇数学论文。

图 3－60　麦克斯韦

1854 年，麦克斯韦从剑桥大学毕业。他精心研读了法拉第的著作，被法拉第关于"场"和"力线"的思想深深地吸引住。他也同时看到了法拉第定性表述的弱点，这位初出茅庐的青年科学家决定用自己的数学才能来做些弥补。1855 年麦克斯韦发表了第一篇电磁学论文《论法拉第的力线》，把法拉第关于场的思想翻译成数学语言，给出了精确的数量关系。他的工作使法拉第的"力线"概念由一种直观的想象上升为科学的理论。1860 年初秋，麦克斯韦专门去拜访法拉第。两人虽然在年龄上相差四十岁，在性情、爱好、特长方面也迥然不同，可是对物质世界的看法却产生了共鸣。法拉第鼓励麦克斯韦："你不应停留在用数学解释我的观点，而应该突破它！"法拉第的话，激励着麦克斯韦以更大的热忱投入了新的探索。

1. 伟大的预言

麦克斯韦总结了人类在 19 世纪中叶对电磁规律的研究成果，其中既有库仑、安培、奥斯特、法拉第和亨利的开创之功，也有他自己创造性的努力。他相继发表了《论物理力线》和《电磁场动力学理论》，最终以一组今天称为麦克斯韦方程组的电磁场方程，宣告了完整电磁场理论的建立。

麦克斯韦方程组深刻地指出了电场与磁场的密切联系。

（1）变化的磁场产生电场　在变化的磁场中放一个闭合电路，由于穿过电路的磁通量发生变化，电路中会产生感应电流，这是法拉第发现的电磁感应现象。麦克斯韦从场的观点进一步想到，产生感应电流时，一定是有了促使导体中自由电荷定向运动的电场。因此，麦克斯韦认为：这个现象的实质是变化的磁场在空间产生了电场。如果在这个空间有一个闭合电路，那么电路中的自由电荷就在这个电场的作用下做定向运动，形成电流；即使在变化的磁场中没有闭合电路，也同样要在空间产生电场。磁场变化时产生电场，这是必然的。

（2）变化的电场产生磁场　既然变化的磁场能够在空间产生电场，那么，变化的电场能不能产生磁场？麦克斯韦确信自然界规律的统一与和谐，相信电场与磁场具有对称之美。他大胆地提出假设：变化的电场也相当于一种电流，也在空间产生磁场，即变化的电场在空间产生磁场。

根据上述两个基本论点，麦克斯韦进一步推断：如果在空间某区域有不均匀变化的电场，那么这个变化的电场就在空间引起变化的磁场；这个变化的磁场又会引起新的变化的电场和磁场……于是，变化的电场和磁场交替产生，由近及远地传播（如图 3－61）。麦克斯韦方程组深刻地指出，这种电场和磁场的传播是一种波动过程。由此，一个伟大的预言诞生了——空间可能存在电磁波！

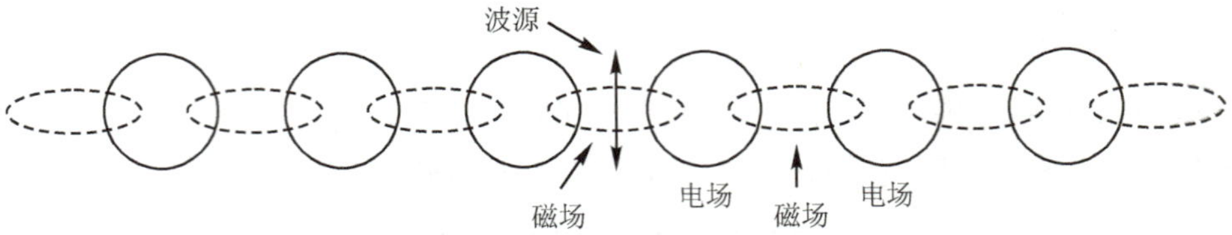

图 3－61　电磁波的产生示意图

2. 电磁波

根据麦克斯韦电磁场理论，电磁波在真空中传播时，它的电场强度与磁感应强度互相垂直，而且二者均与波的传播方向垂直（如图 3－62）。由此可知电磁波是横波。

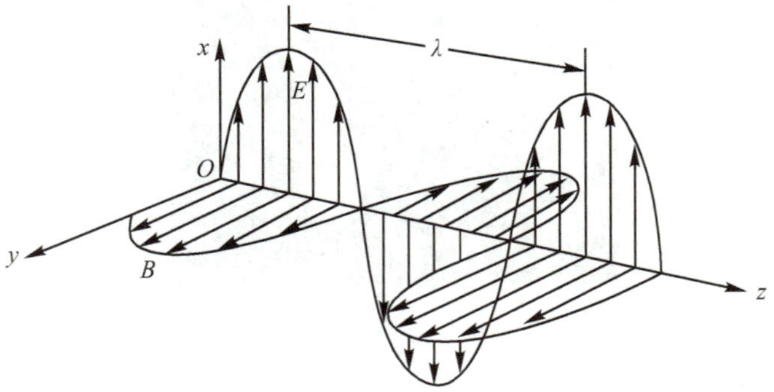

图 3－62　电磁波是横波

电磁波以多大的速度传播呢？麦克斯韦得出的答案令人惊奇：电磁波的速度等于光速 c！麦克斯韦指出了光的电磁本质，他说："我们有充分的理由断定，光本身是……按电磁波规律传播的一种电磁振动。"在机械波中，位移这个物理量随时间和空间做周期性的变化，而在电磁波中，E 和 B 这两个物理量随时间和空间做周期性的变化。

麦克斯韦的工作集电磁学研究成果之大成，不仅预言了电磁波的存在，而且揭示了电、磁、光现象在本质上的统一。麦克斯韦电磁理论的意义，足以与牛顿力学体系相媲美，它是物理学发展中一个划时代的里程碑。

3. 赫兹的电火花

遗憾的是，麦克斯韦英年早逝，他没有看到科学实验对电磁场理论的证明。把天才的预言变成世人公认的真理，是德国科学家赫兹（如图 3－63）的功劳。

图 3－63　赫兹

1886 年,赫兹制作了一套仪器,试图用它发射和接收电磁波。仪器中有一对抛光的金属小球,两球之间有很小的空气间隙。两个球连接到能够产生高电压的感应圈两端,当两球之间放电时,看上去就是一个火花。

仪器的另一部分是弯成环状的导线,导线两端也安装两个金属小球,小球之间也有空隙。当把这个导线环放在距感应圈不太远的位置时,他观察到:当与感应圈相连的两个金属球间有火花跳过时,导线环两个小球间也跳过了火花(如图 3-64)。

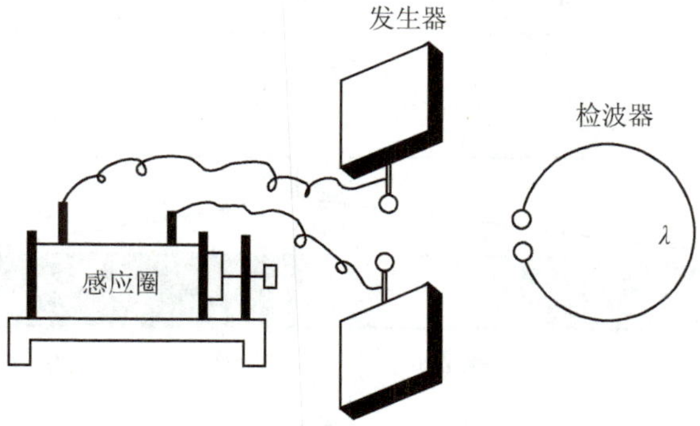

图 3-64　赫兹的电火花实验

这是一个令人振奋的现象!电磁波从发射器到达了接收器。

当感应圈使得与它相连的两个金属球间产生电火花时,空间出现了迅速变化的电磁场。这种变化的电磁场以电磁波的形式在空间传播。当电磁波到达导线环时,它在导线环中激发出感应电动势,使得导线环的空隙中也产生了火花。这个导线环实际上是电磁波的检测器。

在以后的一系列实验中,赫兹观察到了电磁波的反射、折射、干涉、偏振和衍射等现象。他还通过测量证明,电磁波在真空中具有与光相同的速度 c。这样,赫兹证实了麦克斯韦关于光的电磁理论,赫兹在人类历史上首先捕捉到了电磁波。

赫兹的实验为无线电技术的发展开拓了道路,后人为了纪念他,把频率的单位定为赫兹。

二、电磁波谱

所有电磁波以相同的速度传播,其传播速度和光速相同,在真空中大约每秒 3 亿米,即每秒 30 万千米。但波长和频率却不同。波速、波长和频率之间的关系是:

$$\text{波速} = \text{波长} \times \text{频率}$$

1. 电磁波谱

电磁波的频率范围很广。无线电波、光波、X 射线、γ 射线,都是电磁波。其中,人眼可见的电磁波——可见光,只是电磁波中的一小部分。按电磁波的波长或频率大小的顺序把它们排列成谱(如图 3-65),叫作电磁波谱。

电磁波是一个很大的家族。有的电磁波的波长很长,例如无线电波;有的电磁波的波长很短,例如 γ 射线。不同电磁波由于具有不同的波长或频率,才具有不同的特性。描述电磁波谱的不同区段时,可以用波长,也可以用频率。对于无线电波,特别是微波以外的无线电波,习惯上用频率,对于其他电磁波,习惯上用波长。

(1)无线电波　波长大于 1 mm(频率小于 300 000 MHz)的电磁波是无线电波。无线电波用于通信、广播及其他信号传输。

广播电台和电视台都有发射无线电波的设备,许多自然过程也辐射无线电波。如天文学家用射电望远镜接收天体辐射的无线电波,进行天体物理研究。

(2)红外线　红外线是一种光波,它的波长比无线电波短,比可见光长。所有物体都发射红外线。

热物体的红外辐射比冷物体的红外辐射强。肉眼看不见红外线，但能够感受它。寒冷的冬天，当你在火炉旁烤火时，你的皮肤能感受到红外线带来的温暖。

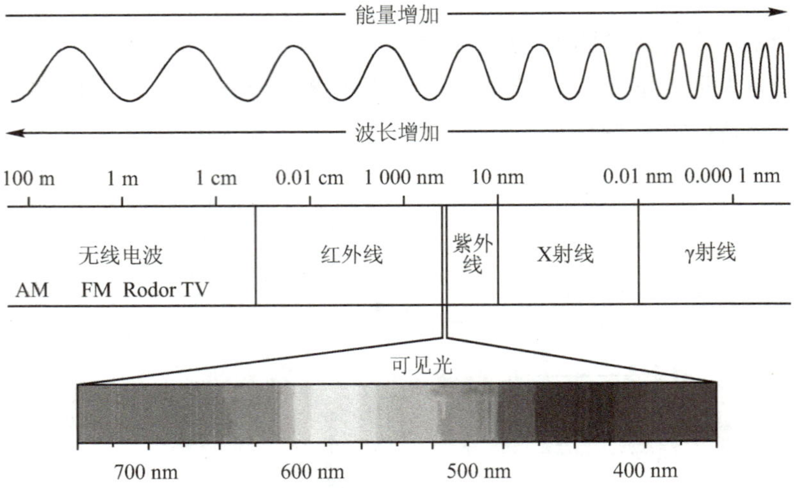

图 3－65　电磁波谱

红外探测器能在较冷的背景上探测出较热物体的红外辐射，这是夜视仪器和红外摄影的基础。用灵敏的红外探测器吸收远处物体发出的红外线，然后用电子电路对信号进行处理，可以得知被测对象的形状及温度、湿度等参数，这就是红外遥感技术。利用红外遥感可以在飞机或人造地球卫星上勘测地热、寻找水源、监视森林火情、预报风暴和寒潮。红外遥感在军事上的应用也十分重要。图 3－66 为美军士兵配备的单筒红外夜视仪。

图 3－66　单筒红外夜视仪

人体发射红外线，体温越高，发射的红外线越强。根据这个原理，红外体温计不与身体接触也可以测体温。

(3) 可见光　可见光的波长在 7 600 nm 到 400 nm 之间。不同人所能感受的光的波长范围有所差异，因此各种资料所载的可见光波长范围会稍有差别。

阳光是由各种色光组成的。科学研究发现，不同颜色的光是波长（频率）范围不同的电磁波。

如图 3－67 所示，大气中的水滴把阳光分解成色光。

图 3－67　**大气中的水滴把阳光分解成色光**

天空为什么是亮的？因为大气把阳光向四面八方散射。在没有大气的太空，即使太阳高悬在空中，它周围的天空也是黑暗的。由于波长较短的光比波长较长的光更容易被大气散射，所以天空看起来是蓝色的。大气对波长较短的光的吸收也比较强，傍晚的阳光在穿过厚厚的大气层时，蓝光、紫光大部分被吸收掉了，剩下红光、橙光透过大气层射入我们的眼睛，所以傍晚的阳光比较红。

（4）紫外线　人眼看不到比紫光波长更短的电磁波。在紫光之外，波长范围在 5 nm 到 370 nm 之间的电磁波是紫外线。紫外线具有较高的能量，足以破坏细胞核中的物质。因此，可以利用紫外线灭菌消毒。太阳光里有许多紫外线，人体接受适量的紫外线照射，能促进钙的吸引，有益身体健康。但过强的紫外线会伤害眼睛和皮肤。

许多物质在紫外线的照射下会发出荧光，根据这一点可以设计防伪措施。图 3－68 为紫外线验钞。

图 3－68　**紫外线验钞**

（5）X 射线和 γ 射线　波长比紫外线更短的电磁波就是 X 射线和 γ 射线了。人们用 X 射线管来产生 X 射线。X 射线对生命物质有较强的作用，过量的 X 射线辐射会引起生物体的病变。X 射线能够穿透物质，可以用来检查人体内部器官。在工业上，利用 X 射线检查金属零件内部的缺陷。机场、车站等地进行安全检查时，X 射线能轻而易举地窥见箱内的物品。图 3－69 为车站 X 光安检。

图 3－69　行包 X 光安检

“CT”是“计算机辅助 X 射线断层摄影”的简称。X 射线以不同角度照射人体，计算机对其投影进行分析，给出类似于生理切片一样的人体组织照片。医生可以从中看出是否发生了病变（如图 3－70）。

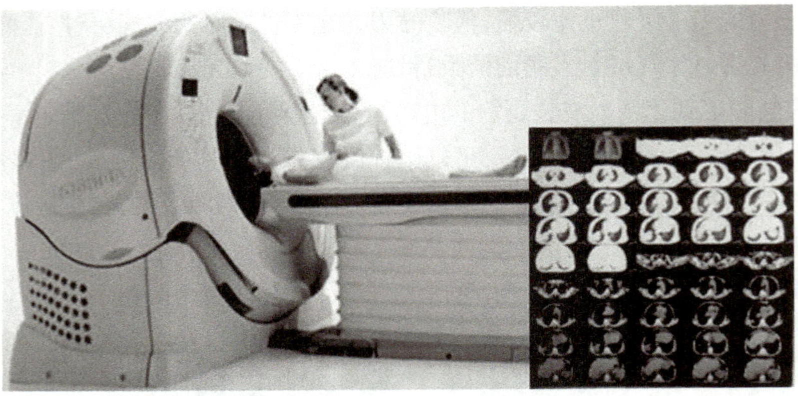

图 3－70　螺旋 CT

波长最短的电磁波是 γ 射线，它具有很高的能量。γ 射线能破坏生命物质。把这个特点应用在医学上，可以摧毁病变的细胞，用来治疗某些癌症。γ 射线的穿透能力很强，可用于探测金属部件内部的缺陷。

核爆炸时放出具有很强杀伤力的 γ 射线（如图 3－71）。

图 3－71　核爆炸

2. 电磁波传递能量

法拉第用“力线”形象地描述了电磁场，麦克斯韦用数学语言表述了电磁场。但在当时，人们只把电磁场看作研究电磁现象的一种方法。赫兹通过实验证实了电磁波的存在，这意味着，电磁场不仅是一种描述方式，而且是一种真实的物理存在。

电磁波是运动中的电磁场，它可以传递能量。可见光以外的电磁波我们虽然看不到，却依然能通过它的能量感觉到它。收音机能收到广播电台的声音，那是因为电台发射的电磁波在收音机的天线里感应出了电流。电流的能量是从哪里来的？它来自电台发射的无线电波。

我们有各种各样的仪器，能够探测到许许多多电磁波。所有这些都表明电磁波传递能量。

3. 太阳辐射

阳光从太阳辐射出来，其中含有可见光，还有无线电波、红外线，也有紫外线、X 射线、γ 射线。太阳辐射的能量集中在可见光、红外线和紫外线三个区域中（如图 3－72）。其中，波长在 5.5×10^{-7} m 的黄绿光附近，辐射的能量最强。我们的眼睛正好对这个区域的电磁辐射最敏感。眼睛把太阳在最强辐射区的辐射作为自己的接收对象，这样就能看到最多的东西，获得最丰富的信息。读到这里，你是否又一次感受到了自然万物的绝妙与和谐？这是巧合呢，还是生物进化的结果？

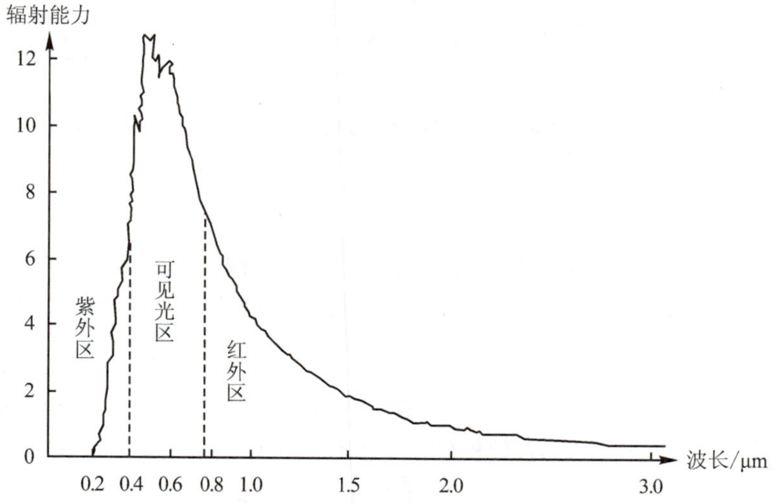

图 3－72　太阳辐射

三、电磁波与信息化社会

1. 电磁波与信息的传递

从语言的出现到文字的创造，人类文明的每一次重大进步都伴随着信息交流的发展。纸和印刷术的发明使得信息能够大量流通，书籍、报纸、杂志因此发展起来了。

由于电磁学的进步，人们又开始利用电来传递信息。1844 年电报的发明揭开了电信时代的序幕，电磁波的发现使无线通信成为现实。

电磁波可以通过电缆、光缆进行有线传输，也可以实现无线传输。根据信息论的研究，电磁波的频率越高，相同时间传递的信息量越大。光的频率比无线电的频率高很多，因此光缆可以传递大量信息。

2. 雷达

雷达是利用无线电波来测定物体位置的无线电设备。

电磁波遇到障碍物会发生反射，雷达就是利用电磁波的这个特性工作的。波长短的电磁波，由于衍射现象不明显，传播的直线性好，有利于用电磁波定位，因此雷达用的电磁波是微波。

雷达有一个可以转动的天线（如图 3－73），有些雷达天线外面装有球形防护罩（如图 3－74），它能向一定方向发射无线电脉冲，每次发射的时间短于 1 μs，两次发射的时间间隔大约是 0.1 ms。这样，发射出去的无线电波遇到障碍物时，可以在这个时间间隔内反射回来被天线接收。

图 3－73　雷达天线

图 3－74　雷达天线防护罩

无线电波的传播速度是 c，测出从发射无线电波到接收反射波的时间 t，就可以确定障碍物的距离 l，再根据发射无线电波的方向和仰角，便可以确定障碍物的位置了。实际上，障碍物的距离等数据由电子计算机自动计算并在荧光屏上显示。

利用雷达可以探测飞机、舰艇、导弹以及其他军事目标。除了军事用途外，雷达还可以为飞机、船只导航，可以用来研究卫星、行星，可以探测云层、雷雨等。

3. 移动电话

现在，移动电话的使用已经十分普遍，随身携带一部手机，就可以在城市的任何地方进行通话。有的旅客列车和民航班机上还开通了公用移动电话业务。

公用移动电话系统是城市电话网的一部分。每一部移动电话都是一个无线电台，它将用户的声音转变为高频电信号发射到空中；同时它又相当于一台收音机，捕捉空中的电磁波，使用户接收到通话对方送来的信息。

移动电话的体积很小，发射功率不大；它的天线也很简单，灵敏度不高。因此，它与其他用户的通话要靠较大的固定无线电台转接。这种固定的电台叫作基地台或基站。在城市中，移动通信基地台的天线常常建在高大建筑物上（如图 3－75）。

图 3－75　移动通信基站天线

4. 因特网

1946 年，世界上第一台电子计算机诞生了。20 世纪 90 年代中期，世界最大的计算机互联网——因特网出现了爆炸式的发展，数据通信的业务量飞速增加。一个世纪以来电信业的主要业务是电话，21 世纪初期，它将发展为主要以因特网为基础的信息业务。这将从根本上改变我们的生活和工作方式。人们可以通过互联网听音乐、看电影、聊天、购物；可以通过互联网查阅各种资料，进行远程教学、远程医疗，甚至可以为身处世界各地的人召开电视会议。现代通信使我们的地球真的成了“地球村”。数以亿计的人们通过信息联系起来，实现了更大程度的资源共享和更有效的全球合作（如图 3－76）。

图 3－76　互联网改变我们的生活和工作方式

【阅读园地】

北斗卫星导航系统(BDS)

中国北斗卫星导航系统(BeiDou Navigation Satellite System,BDS)是中国自行研制的全球卫星导航系统。是继美国全球定位系统(GPS)、俄罗斯格洛纳斯卫星导航系统(GLONASS)、欧洲伽利略(GALILEO)卫星导航系统之后,全球第四大卫星导航系统。

20 世纪 90 年代初,中国北斗卫星正式诞生。北斗卫星导航系统空间段设计由 5 颗静止轨道卫星和 30 颗非静止轨道卫星组成。35 颗卫星在离地面 2 万多千米的高空上,以固定的周期环绕地球运行,使得在任意时刻,在地面上的任意一点都可以同时观测到 4 颗以上的卫星。现在正在按计划实施北斗卫星导航系统建设,截至 2018 年 2 月 12 日,已发射 29 颗北斗导航卫星。根据系统建设总体规划,目前北斗卫星系统已经对东南亚实现全覆盖,具备定位、导航和授时以及短报文通信服务能力。2020 年左右,将建成覆盖全球的北斗卫星导航系统(如图 3－77)。

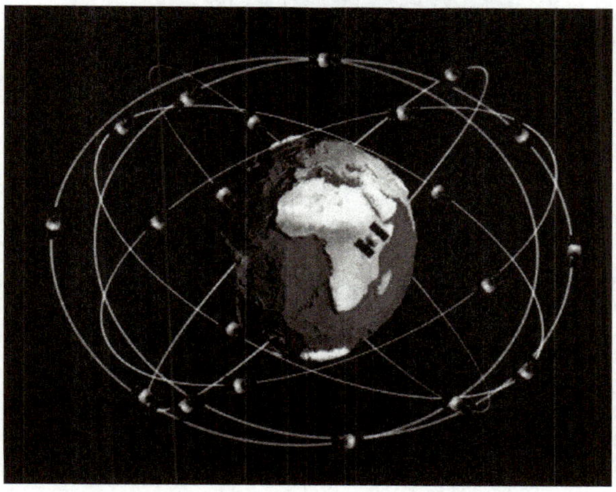

图 3－77　北斗卫星导航系统示意图

北斗卫星导航系统因何而生呢?

虽然卫星远在太空,却与人们的生活息息相关。上至航空航天,下至工业、渔业、农业和日常生活,卫星一方面为国家经济建设服务,一方面为提高百姓生活质量服务,而手机、互联网、取款机、股票市场、国家电网等也都依赖于卫星。可以说,一旦失去卫星导航,结果将是灾难性的。经过几十年发展,美国的 GPS 系统在卫星导航领域起到非常重要的作用。而其他国家逐渐发现,单纯采用国际上已有的卫星导航系统,需要谨慎审视。主权国家需要自主发展国家层面的导航基础性系统,以免在关键时刻受制于人。

建设自主卫星导航系统，对于提高我国国际地位、促进国民经济发展、保障经济社会安全、维护国防安全等，具有十分特殊的战略意义。

当前，北斗卫星导航系统的应用领域正在向部队作战、战备和训练扩展，在部队训练和演习中大显神威。特别值得一提的是北斗卫星导航系统有一项独门绝技——位置报告和短信服务。2008 年汶川抗震救灾中，在通信中断情况下，北斗导航试验系统用短信向指挥部实时传递最新灾情，被誉为"天降神兵"。

北斗卫星导航系统信号质量总体上与 GPS 相当。在 45 度以内的中低纬地区，北斗动态定位精度与 GPS 相当，水平和高程方向分别可达 10 米和 20 米左右；北斗静态定位水平方向精度为米级，也与 GPS 相当，高程方向 10 米左右，较 GPS 略差。现阶段的北斗系统已经实现区域定位，但还不具备全球定位能力。我们期待 2020 年北斗系统建成以后性能和功能有更好的表现。

【人物小传】

麦克斯韦

詹姆斯·克拉克·麦克斯韦(1831—1879 年，如图 3 - 78)，英国物理学家、数学家，经典电动力学的创始人，统计物理学的奠基人之一。

图 3 - 78　麦克斯韦

麦克斯韦对电磁学的研究始于 1854 年，他系统分析了 19 世纪中叶前后人类对电磁现象的探索轨迹，其中包括库仑、安培、奥斯特、法拉第等人的不可磨灭的功绩，对整个电磁现象做了系统、全面的总结，凭借他高深的数学造诣和丰富的想象力，将电磁场理论用简洁、对称、完美的数学形式进行了概括，经后人整理和改写，成为经典电动力学主要基础的麦克斯韦方程组。1865 年他预言了电磁波的存在，认为电磁波只可能是横波，并推导出电磁波的传播速度等于光速，同时得出结论：光是电磁波的一种形式，揭示了光现象和电磁现象之间的联系。

麦克斯韦的另一项重要工作是筹建了剑桥大学的第一个物理实验室——著名的卡文迪许实验室。该实验室对整个物理学的发展产生了极其重要的影响，众多著名科学家都曾在该实验室工作过。卡文迪许实验室甚至被誉为"诺贝尔物理学奖获得者的摇篮"。

1873 年，麦克斯韦出版了科学名著《电磁学通论》，系统、全面、完美地阐述了电磁场理论，这一理论成为经典物理学的重要支柱之一。

1886 年，德国物理学家赫兹发明了一种电波环，用这种电波环做了一系列实验，终于在 1888 年发现了人们怀疑和期待已久的电磁波，至此，由法拉第开创、麦克斯韦总结的电磁理论，取得了决定性的胜利。

麦克斯韦电磁学理论为电气时代奠定了基石，造福于人类的无线电技术，就是以电磁场理论为基础发展起来的。麦克斯韦被普遍认为是对物理学最有影响力的物理学家之一，没有电磁学就没有现代电工学,也就不可能有现代文明。

【思考和讨论】

许多动物具有发达的红外感受器官,可以感受红外辐射,在夜间也可以看到物体。你知道哪些动物具有这方面的天赋吗?

【问题与练习】

1. 预言电磁波存在的是(　　)。

A. 麦克斯韦　　B. 法拉第　　C. 赫兹　　D. 安培

2. 第一次证明电磁波存在的是(　　)。

A. 麦克斯韦　　B. 法拉第　　C. 赫兹　　D. 安培

第四章

光

光给了我们一个明亮的世界，可是它自己却像一团谜。人们不断争论着关于光的问题。光学既是物理学中一门古老的基础科学，又是现代科学领域中最活跃的前沿科学之一，具有强大的生命力和不可估量的发展前景。

按照不同的研究目的，光学可以粗略地分为两大分支:一支利用几何学的概念和方法研究光的传播规律，称为几何光学;另一支主要研究光的本性以及光与物质相互作用的规律，通常称为物理光学。

光到底是什么？这个问题早就引起了人们的注意，不过在很长的时期内人们对它的研究却进展缓慢。

到17世纪时，科学界已经形成了两种学说。一种是光的微粒说，认为光是从光源发出的一种物质微粒，在均匀的介质中以一定的速度传播，牛顿支持微粒说。另一种是光的波动说，是惠更斯首先提出的，认为光是在空间传播的某种波。微粒说和波动说都能解释一些光现象，但又不能解释当时观察到的全部光现象。

到了19世纪初，人们在实验中观察到了光的干涉和衍射现象，这是波动的特征，不能用微粒说解释，因而证明了波动说的正确性。19世纪60年代，麦克斯韦预言了电磁波的存在，并认为光也是一种电磁波。此后，赫兹在实验中证实了这种假说，这样，光的电磁说使光的波动理论发展到几乎完美的地步，取得了巨大的成功。

但是，19世纪末又发现了新的现象——光电效应，这种现象用波动说无法解释。爱因斯坦于20世纪初提出了光子说，认为光具有粒子性，从而解释了光电效应。不过，这里说的光子已经不同于过去说的“微粒”了。

现在人们认识到，光既具有波动性，又具有粒子性，因此我们常说光具有波粒二象性。也就是说，光既是电磁波，又是光子。

第一节　光的反射和折射

一、光源和照明

1. 光源

在漆黑的屋子里，我们什么也看不见。如果点上一盏灯，就可以看见灯，也可以看见屋子里的其他物品。我们能够看见灯的发光部分，是因为它发出的光进入了我们的眼睛，引起了视觉。我们能够看见其他物品，是因为它们反射了光。

在我们生活中，有很多物体能自行发光，如电灯、蜡烛、太阳等。我们把能自行发光的物体叫作光源。

光具有能量,它可以使物体变热,使照相底片感光,使光电池蓄电。光源发光要消耗其他形式的能,由其他形式的能转化成光能。电灯发光消耗了电能,蜡烛发光消耗了化学能,太阳发光消耗了太阳内部的原子能。

2. 照明

光源最常见的用途就是照明。我们能不能看清物体,跟物体被照明的程度有关。照度就是表示物体被照明程度的物理量,单位是勒克斯。

用单个光源照明时,光源离被照面越近,被照面上的照度越大。在光源与被照面距离一定的情况下,垂直照射时比斜射时照度大,光线越倾斜,照度越小。此外,前面两种情况都一定时,光源的功率越大,被照面的照度越大。

二、反射定律和折射定律

我们能够看到水中的鱼和水草,同时也能通过水面看到太阳的倒影,这说明:光从空气射到水面时,一部分光射进水中,另一部分光返回到空气中。

一般来说,光从介质1射到它与介质2的分界面时,一部分光会返回到介质1,这个现象叫作光的反射;另一部分光会进入介质2,这个现象叫作光的折射(如图4-1)。

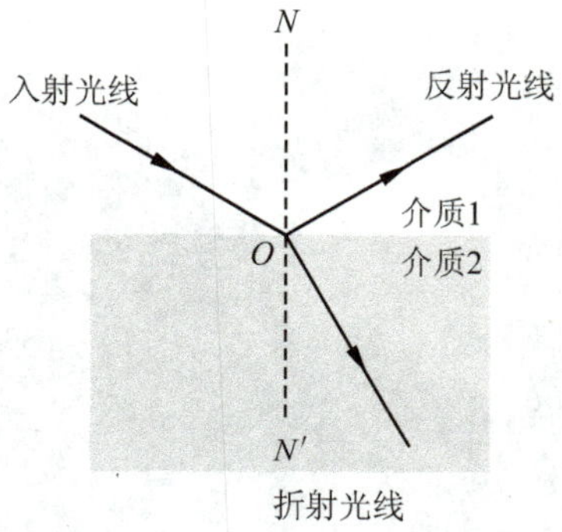

图4-1　光的反射和折射

1. 光的反射

光从一种介质射到两种介质的分界面时发生反射,反射光线与入射光线、法线处在同一平面内,反射光线与入射光线分别位于法线的两侧;反射角等于入射角。这就是光的反射定律。

反射时光路是可逆的。

平滑的表面,例如镜面、平静的水面等,能使平行的入射光线沿同一方向平行地反射出去,这时只在这个方向有反射光线,其他方向没有反射光线,这样的反射叫作镜面反射。

如果表面是粗糙不平的,那么沿同一方向射到面上的光线将向不同的方向反射,这样的反射叫作漫反射。我们能从不同方向看见本身不发光的物体,比如看见书上的字,就是因为光在纸面上发生了漫反射。黑板的表面不能太光滑,是为了避免镜面反射造成的强烈反光。

2. 球面镜

反射面是球面一部分的镜叫作球面镜。用球面的内表面做反射面的叫作凹面镜,用球面的外表面做反射面的叫作凸面镜。

凹面镜对光线起会聚作用。射到凹面镜上的平行光线,被反射后会聚于一点,这一点叫作凹面镜的焦点(如图4-2)。奥运圣火取火时,把火炬置于凹面镜焦点上可点燃火炬(如图4-3)。

利用凹面镜对光线的会聚作用,人们制造了生活中用的太阳灶和工业上用的太阳炉,这是利用太阳能的一种重要方法。这个作用还被应用到卫星天线、雷达天线上。反射时光路是可逆的,如果把光源放在凹面镜的焦点上,那么从光源射向凹面镜的光线,反射后将平行射出。探照灯、手电筒、医用头灯、汽车头灯等射出的光束比较集中,能够照亮远处的物体,就是利用了凹面镜的这一性质。

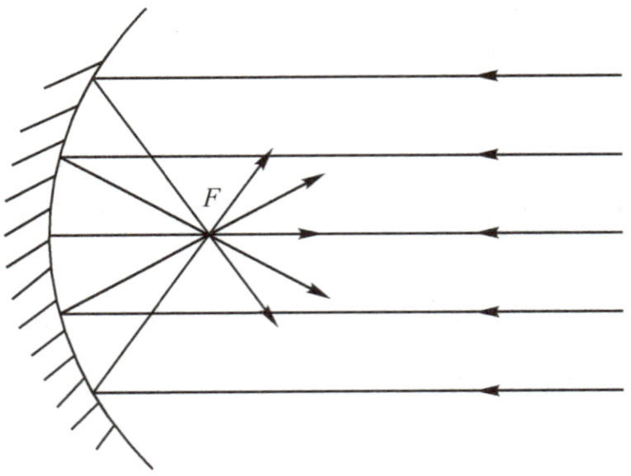

图 4-2　凹面镜焦点

图 4-3　奥运圣火取火

凸面镜对光线起发散作用。射到凸面镜的平行光线，被反射后变得发散。凸面镜可以用来扩大观察视角。对于口径相同的平面镜和凸面镜，观察者离镜距离相等时，从凸面镜观察到的范围要比平面镜大。用一个口径不太大的凸面镜就能观察到比较大的范围内的景象。因此，大型车辆的后视镜都用凸面镜。为了交通安全，盘山公路的急转弯处一般都安装凸面镜（如图 4-4）。

图 4-4　凸面镜

3. 光的折射

光在折射时遵循什么规律呢？

如图 4-5 所示，让窄光束由一种介质射向另一种介质表面，例如，从空气射向水，或从水射向玻璃，我们研究入射光线的折射情况。图中入射光线与法线间的夹角 θ_1 叫作入射角，折射光线与法线间的夹角 θ_2 叫作折射角。实验表明，当入射角变化时折射角随之改变。那么折射角与入射角之间有什么定量的关系呢？

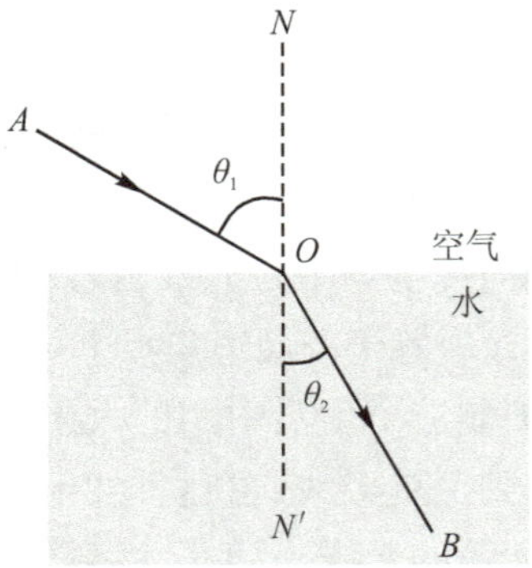

图 4-5　光的折射

直到 1621 年，荷兰数学家斯涅耳在分析了大量数据后终于找到了两者之间的关系，并把它总结为光的折射定律：折射光线与入射光线、法线处在同一平面内，折射光线与入射光线分别位于法线的两侧；入射角的正弦与折射角的正弦成正比，即：

$$\frac{\sin\theta_1}{\sin\theta_2}=n$$

式中 n 是比例常数。

所有事实都表明，在光的折射现象中，当光从水中斜着射入空气时也会发生偏折，而且当光线沿图中 BO 的方向进入空气时，会沿 OA 的方向射出。也就是说，与光的反射现象一样，在光的折射现象中，光路也是可逆的。

三、折射率

光从介质 1 射入介质 2 时，入射角的正弦与折射角的正弦之比 n 是个常数，它与入射角、折射角的大小无关，只与两种介质的性质有关。在实际应用中，遇到最多的情形是光从空气射入某种介质，或从某种介质射入空气，而空气对光的传播的影响很小，可以作为真空处理。因此，以后我们只讨论光从真空射入介质的情形。

对于不同的介质来说，常数 n 是不同的。例如，光从空气射入水中时，$n=1.33$；光从空气射入某种玻璃时，$n=1.50$。可见常数 n 与介质有关系，是一个反映介质的光学性质的物理量。常数 n 越大，光线从空气斜射入这种介质时偏折的角度越大。

光从真空射入某种介质发生折射时，入射角的正弦与折射角的正弦之比，叫作这种介质的绝对折射率，简称折射率，用符号 n 表示。

研究表明，光在不同介质中的速度不同。某种介质的折射率，等于光在真空中的传播速度 c 与光在这种介质中的传播速度 v 之比，即：

$$n=\frac{c}{v}$$

由于光在真空中的传播速度 c 大于光在任何其他介质中的传播速度 v，因而任何介质的折射率 n 都大于 1。所以，光从真空射入任何介质时，$\sin\theta_1$ 都大于 $\sin\theta_2$，即入射角总是大于折射角。下表列出了几种介质的折射率。

几种介质的折射率（$\lambda=589.3$ nm，$t=20$ ℃）

介质	折射率	介质	折射率
金刚石	2.42	氯化钠	1.54
二硫化碳	1.63	酒精	1.36
玻璃	1.5～1.8	水	1.33
水晶	1.55	空气	1.000 28

四、全反射

1. 全反射

不同介质的折射率不同，我们把折射率较小的介质称为光疏介质，折射率较大的介质称为光密介质。光疏介质与光密介质是相对的，例如水、水晶和金刚石三种物质相比较，水晶相对水来说是光密介质，相对金刚石来说则是光疏介质。从关系式 $n=\frac{c}{v}$ 可以知道，光在光密介质中的传播速度比在光疏介质中的传播速度小。

根据折射定律，光由光疏介质射入光密介质（例如由空气射入水）时，折射角小于入射角；光由光密介质射入光疏介质（例如由水射入空气）时，折射角大于入射角。

既然光由光密介质射入光疏介质时，折射角大于入射角，可以预料，当入射角增大到一定程度，但还没有达到90°时，折射角就会增大到90°。如果入射角再增大，会出现什么现象？

【实验】

观察全反射现象

如图4－6所示，让光沿着半圆形玻璃砖的半径射到它的平直的边上，在这个边与空气的界面上会发生反射和折射。逐渐增大入射角，观察反射光线和折射光线的变化。

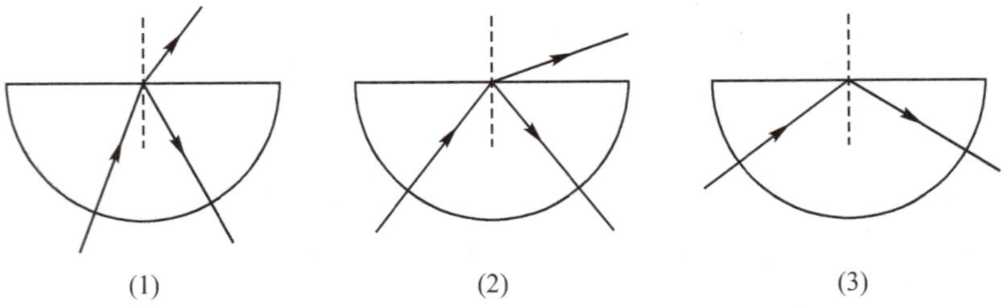

图4－6　观察全反射现象

当光从光密介质射入光疏介质时，同时发生折射和反射。如果入射角逐渐增大，折射光离法线会越来越远，而且越来越弱，反射光却越来越强。当入射角增大到某一角度，使折射角达到90°时，折射光完全消失，只剩下反射光，这种现象叫作全反射，这时的入射角叫作临界角。

当光从光密介质射入光疏介质时，如果入射角等于或大于临界角，就会发生全反射现象。

不同的介质，由于折射率不同，在空气中发生全反射的临界角是不一样的。

光从介质射入空气（真空）时，发生全反射的临界角 C 与介质的折射率 n 的关系是：

$$\sin C = \frac{1}{n}$$

从这个关系式可以看出，介质的折射率越大，发生全反射的临界角越小。水的临界角为48.8°，各种玻璃的临界角为32°～42°，金刚石的临界角为24.4°。

全反射是自然界里常见的现象。例如，水中或玻璃中的气泡，看起来特别明亮，就是因为光从水或玻璃射向气泡时，一部分光在界面上发生了全反射。

2. 光导纤维

我们通常所说的“光纤通信”，就是利用了全反射的原理。这里说的光纤，就是光导纤维的简称。

【演示】

如图4－7所示，激光笔发出的光射入一束弯曲的玻璃丝一端，观察光传播的路径有什么特点。

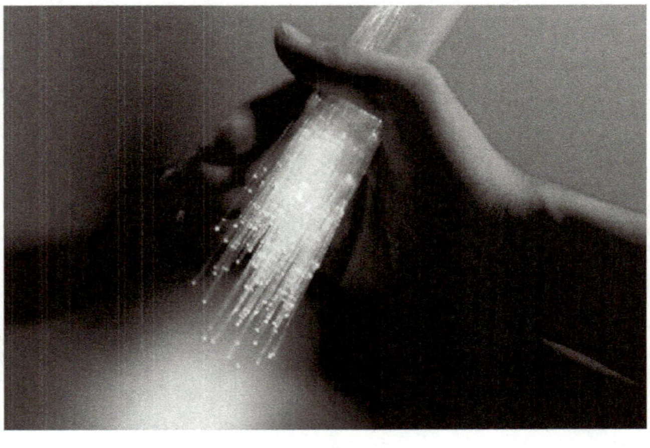

图4－7　弯曲玻璃丝能导光

当光在玻璃丝内传播时,如果从玻璃射向空气的入射角大于临界角,光会发生全反射,于是光在玻璃丝内沿着锯齿形路线传播。这就是光导纤维导光的原理。

实用光导纤维的直径只有几微米到一百微米。因为很细,一定程度上可以弯折。它由内芯和外套两层组成,内芯的折射率比外套的大,光传播时在内芯与外套的界面上发生全反射(如图4-8)。

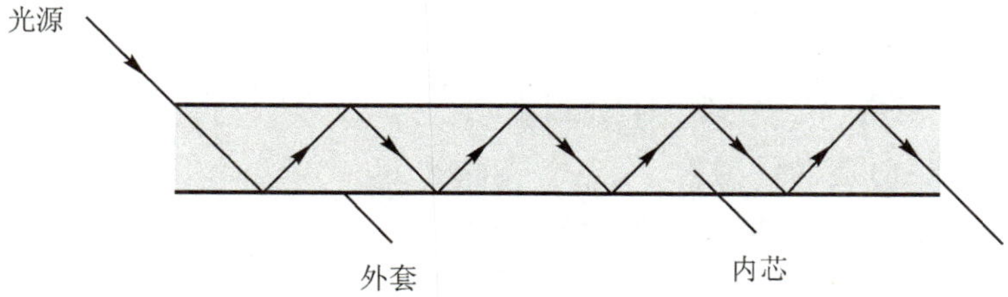

图4-8　光导纤维示意图

如果把光导纤维聚集成束,使其在两端排列的相对位置一样,图像就可以从一端传到另一端(如图4-9)。医学上用光导纤维制成内窥镜,用来检查人体的胃、肠、气管等的内部。实际的内窥镜装有两组光纤,一组把光传送到人体内部进行照明,另一组把体内的图像传出供医生观察。

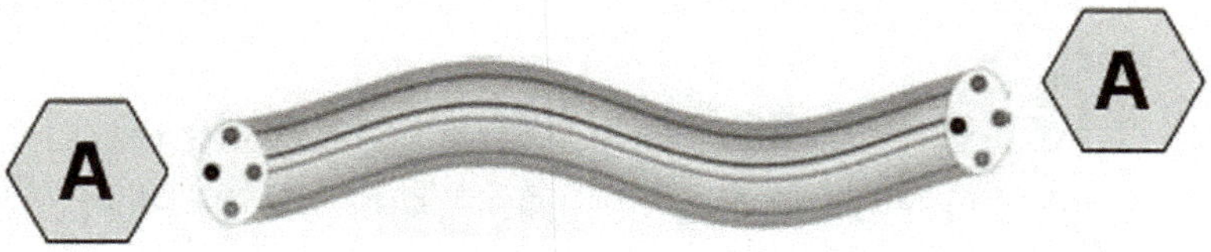

图4-9　光纤有序排列

光也是一种电磁波,它可以像无线电波那样,作为载体来传递信息。载有声音、图像等各种数字信号的激光从光纤的一端输入,就可以传到千里以外的另一端,实现光纤通信。

光纤通信的主要优点是容量大。例如,一路光纤的传输能力理论值为二十亿路电话、一千万路电视。此外,光纤传输还有衰减小、抗干扰性强等多方面的优点。

尽管光纤通信的发展只有三十多年的历史,但是发展速度却是惊人的。我国的光纤通信起步较早,但现已成为技术较为先进的几个国家之一,目前已经建立了纵横城市之间的光缆通信网络,而且与邻国建立了海底光缆。光缆线路已经与通信卫星、微波接力站、普通电缆相结合,构成了现代国家的"神经中枢"(如图4-10)。

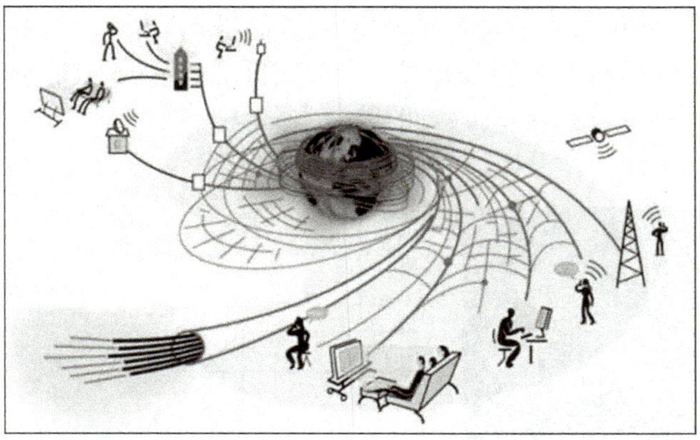

图4-10　通信网络示意图

【思考和讨论】

1. 关于自行车后的尾灯，你注意过它的作用吗？

2. 查阅资料，看看光纤有哪些应用。

【问题与练习】

1. 最早提出光的波动说的是(　　)。

A. 惠更斯　B. 麦克斯韦　C. 牛顿　D. 爱因斯坦

2. 最早提出光的光子说的是(　　)。

A. 惠更斯　B. 麦克斯韦　C. 牛顿　D. 爱因斯坦

第二节　棱镜　透镜

一、棱镜

光学仪器中常用的棱镜是横截面为三角形的三棱镜，通常简称为棱镜。下面我们来研究棱镜对光的作用。

一束单色光通过棱镜，从另一个侧面射出来时，方向发生了明显的变化：光线向棱镜的底面偏折，如图 4 – 11 所示。这是由光线在棱镜的两个侧面上发生折射时，两次向底面偏折所造成的。偏折角度跟棱镜材料的折射率有关。折射率越大，偏折角度越大。

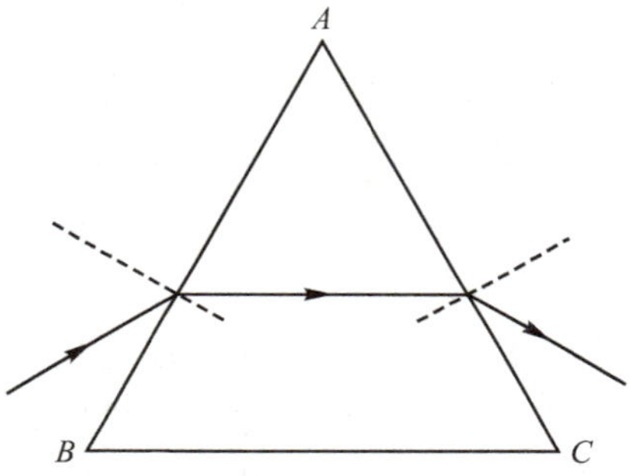

图 4 – 11　棱镜偏折光线

如图 4 – 12 甲所示，棱镜的截面为等腰直角三角形。当光以图 4 – 12 乙或图 4 – 12 丙所示的方向射入玻璃时，由于光的传播方向与玻璃面垂直，光线不发生偏折。但在玻璃内部，光射向玻璃与空气的界面时，入射角大于临界角，发生全反射。这种棱镜叫作全反射棱镜。

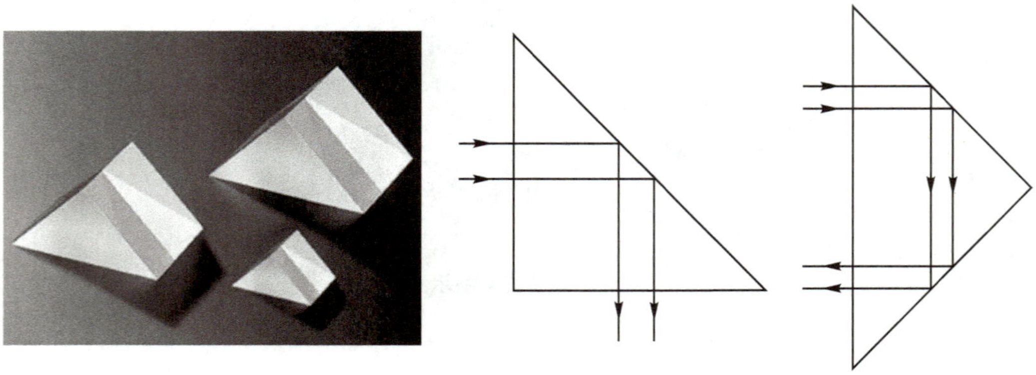

甲　乙　丙

图 4 – 12　全反射棱镜

通常用的平面反射镜背面都镀有一层银膜，靠这层银膜来反射光。这种镀膜的反射镜不能使光全部反射，大约有10%的光被吸收掉。与平面反射镜相比，全反射棱镜的反射率高，几乎可达100%；由于反射面不必涂敷任何反光物质，所以全反射棱镜反射时失真小。这种棱镜在精密光学仪器中用来改变光的方向，使用十分广泛。例如，双筒望远镜中使用全反射棱镜，潜水艇的潜望镜中使用全反射棱镜。

二、透镜

折射面是两个球面，或者一个是球面，另一个是平面的透明体，叫作透镜。透镜通常是用玻璃磨成的，它是光学仪器中经常使用的基本元件。

1. 凸透镜和凹透镜

透镜可分为两类：一类是中间厚、边缘薄的，叫作凸透镜，凸透镜对光线起会聚作用（如图4－13），又叫作会聚透镜；另一类是中间薄、边缘厚的，叫作凹透镜，凹透镜对光线有发散作用（如图4－14），又叫作发散透镜。

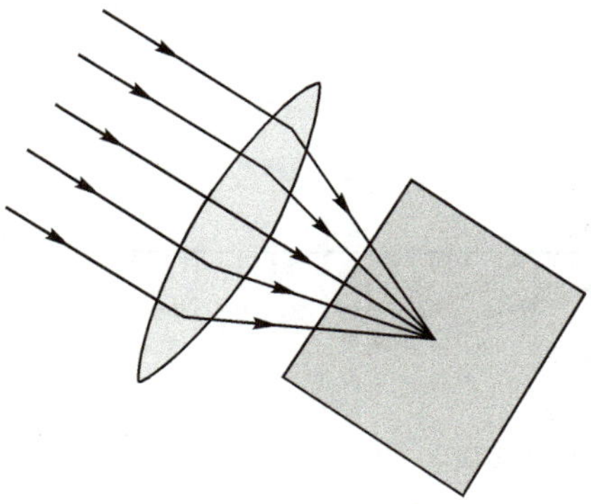

图4－13　凸透镜会聚光线

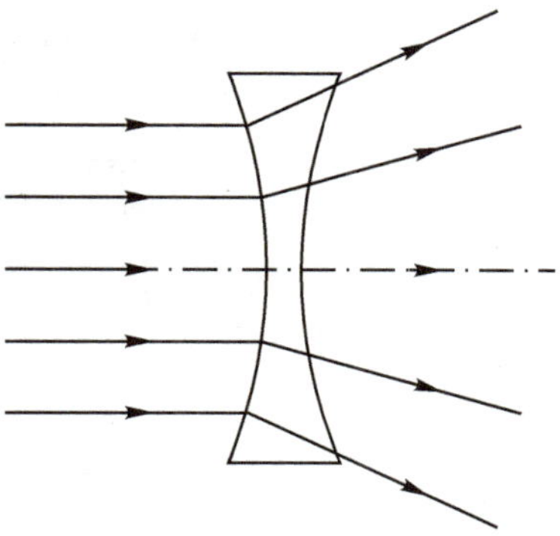

图4－14　凹透镜发散光线

2. 透镜的主轴、光心和焦点

透镜的两个球面都有自己的球心，我们把通过两球心的直线叫作透镜的主光轴，简称主轴。通常把厚度比球面的半径小得多的透镜，叫作薄透镜。我们在后面讨论的都是薄透镜。

主轴跟透镜的两面各有一个交点，对于薄透镜来说，这两个交点可以看作是重合在一起的，这一点叫作透镜的光心，用 O 表示。透镜的中央部分相当于两面平行的薄玻璃板，通过光心的光线相当于通过这个薄玻璃板，因此，不管从任何方向通过光心的光线，传播方向都不改变。这是光心的重要性质。

平行于主轴的光线，通过凸透镜后会聚于主轴上的一点，这个点叫作凸透镜的焦点，通常用点 F 表示（如图4－15）。平行于主轴的光线通过凹透镜后变得发散，这些发散光线看起来好像是从它们的反向延长线的交点发出来的，这个交点也在主轴上，叫作凹透镜的焦点（如图4－16）。凸透镜的焦点是实焦点，凹透镜的焦点是虚焦点。

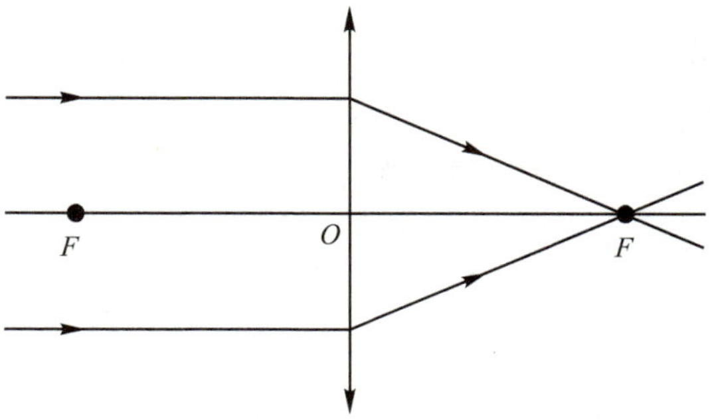

图4－15　凸透镜焦点

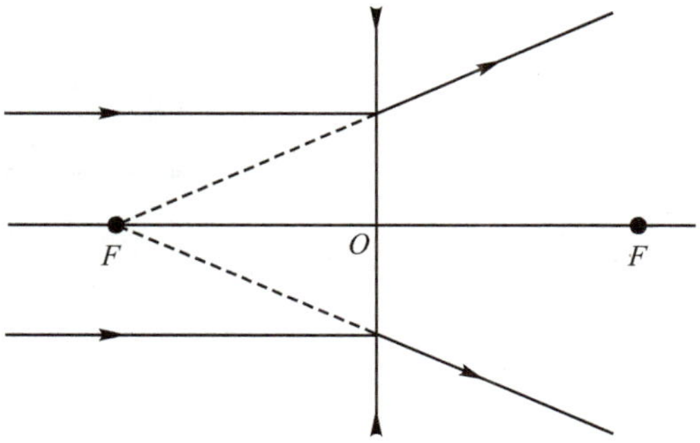

图4－16　凹透镜焦点

从透镜的焦点到光心的距离,叫作透镜的焦距,用f表示。透镜的两侧各有一个焦点,只要透镜两侧的介质相同,两个焦点相对光心是对称的,两个焦距相等。

3. 透镜成像

利用透镜可以使物体成像,这是透镜的一个重要应用。透镜所成的像跟物体离透镜的距离有关系,物体离透镜的距离通常用u来表示。凸透镜成像有以下规律:

(1)当$u>2f$时,成倒立、缩小的实像(如图4-17)。

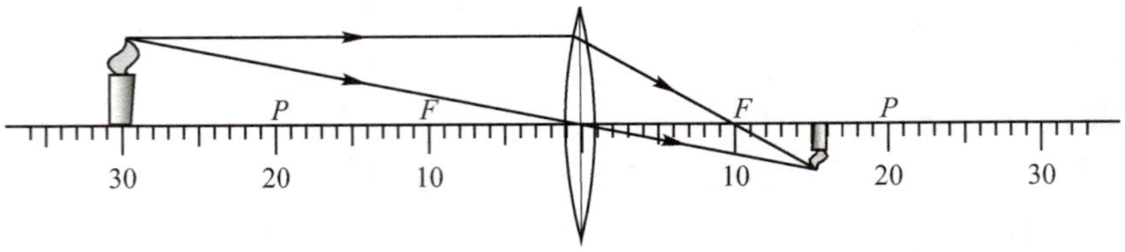

图4-17　倒立、缩小的实像

(2)当$u=2f$时,成跟物体大小相等的倒立实像(如图4-18)。

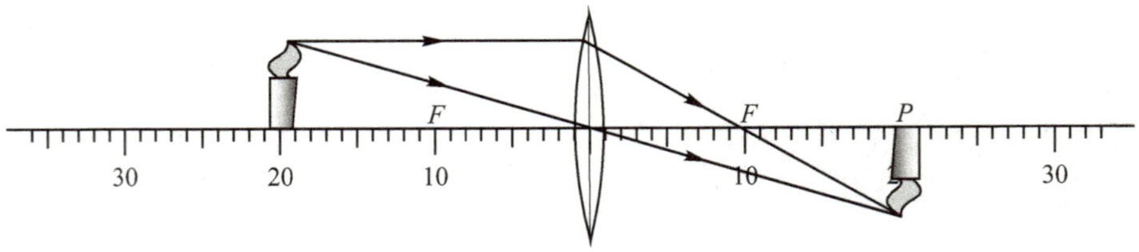

图4-18　跟物体大小相等的倒立实像

(3)当$2f>u>f$时,成倒立、放大的实像(如图4-19)。

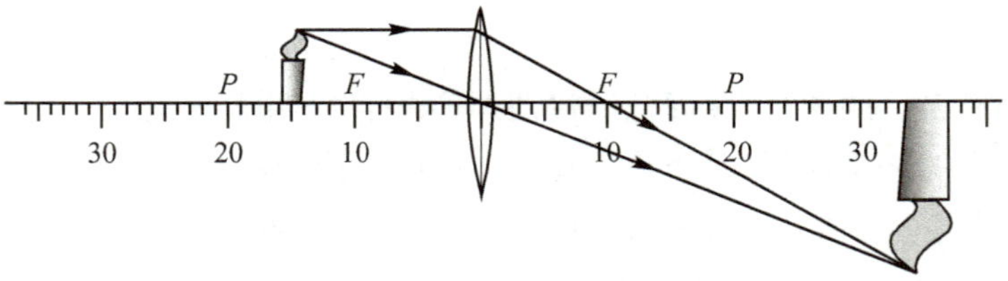

图4-19　倒立、放大的实像

(4)当$u<f$时,成正立、放大的虚像(如图4-20)。

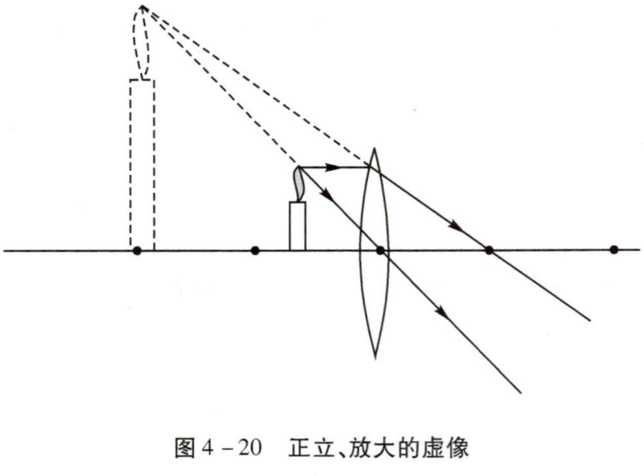

图4-20　正立、放大的虚像

(5)当 $u=f$ 时,出射光线为平行光线,不成像(如图4-21)。

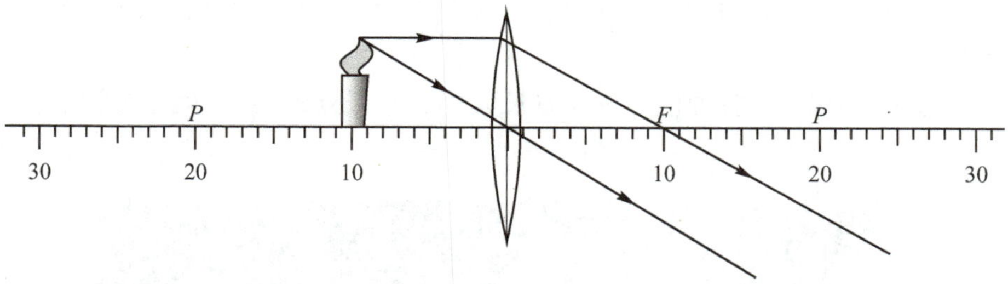

图4-21　不成像

凹透镜只能成位于物体同侧的正立、缩小的虚像(如图4-22)。

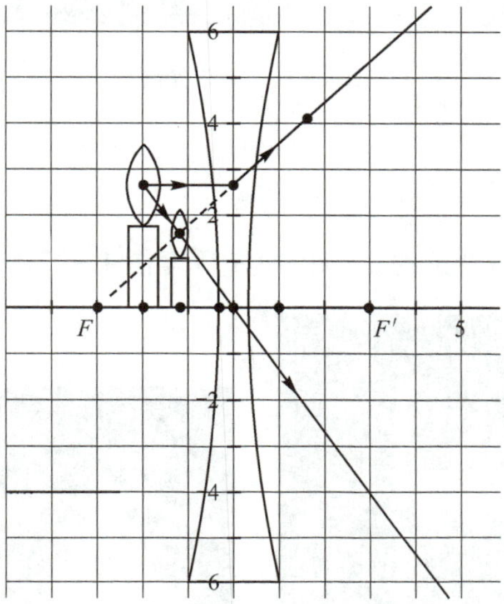

图4-22　正立、缩小的虚像

三、光的色散　颜色

(一)光的色散

白光是由多种色光组成的。当白光进入新介质,如经棱镜折射后,不同波长的光在介质中的传播速度不同,介质对它们的折射率不同,发生偏折的角度不同,从而被分离成红、橙、黄、绿、蓝、靛、紫七种颜色(如图4-23)。含有多种颜色的光被分解为单色光的现象叫作光的色散。

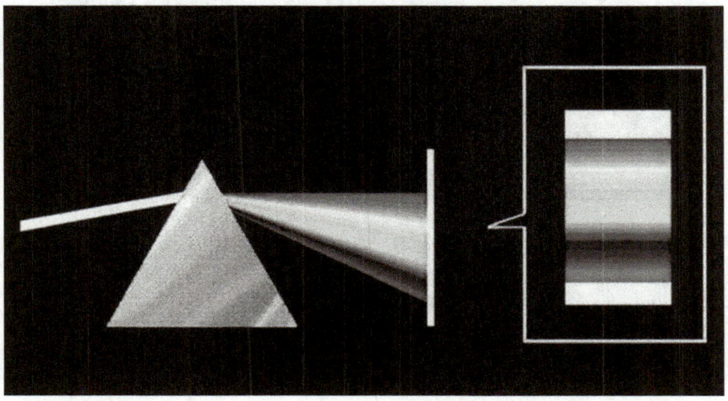

图4-23　白光的色散

人眼的视网膜上有两种感光细胞，一种叫作视杆细胞，它对光非常敏感，但不能区分不同波长（频率）的光；另一种叫作视锥细胞，它对光的敏感度不如视杆细胞，但能区分不同波长（频率）的光，人眼依靠视锥细胞分辨颜色。

含有多种颜色的光被分解后，各种色光按其波长大小有序排列的图案，就是光谱。如图4－24是太阳光谱。

图4－24　太阳光谱

（二）颜色

1. 物体的颜色

物体的颜色取决于它所反射或透射的光（如图4－25至图4－27）

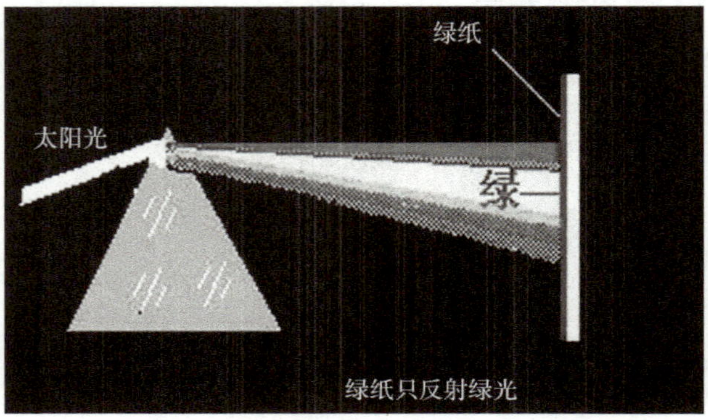

图4－25　不透明物体的颜色取决于它所反射的光

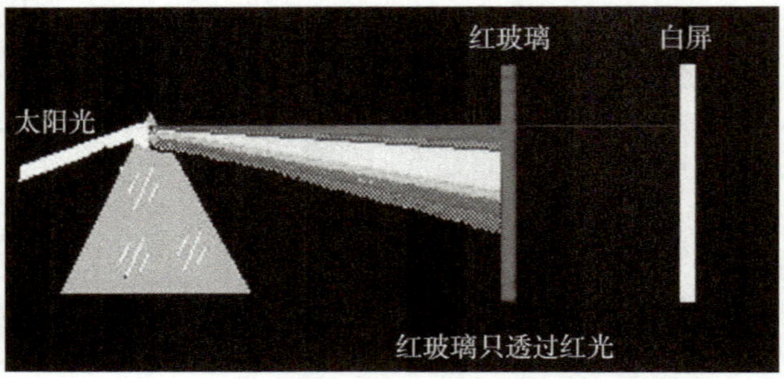

图4－26　透明物体的颜色取决于它所透射的光

图4－27　向日葵花反射黄光，光谱中的其他色光都被花吸收了

此外，物体的颜色还与你在什么颜色的光中看它有关。

2. 光的混合色

一般来说，通过几种可见光的混合能产生任何颜色。用于产生其他颜色的三种颜色——红、绿、蓝称为色光的三原色（如图4－28）。

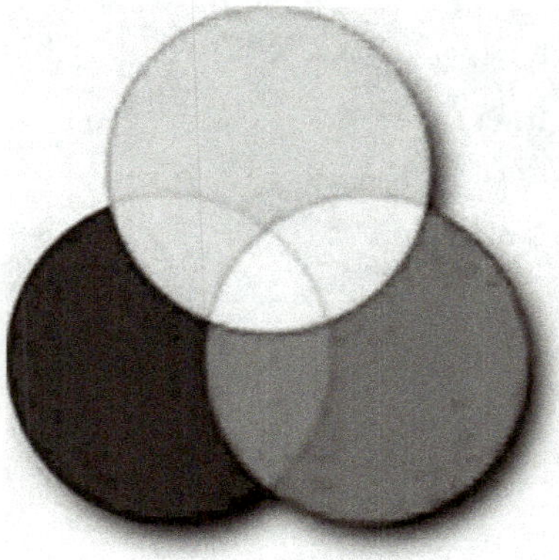

图4－28　光的三原色

三原色中的任何两种等量混合都可产生一种合成色。红、绿、蓝三原色等量混合便产生白色光。如果三原色不等量混合，就能产生任何其他颜色。

【阅读园地】

激光

1958年，人类在实验室里激发出了一种自然界中没有的光，那就是激光（如图4－29）。激光是继原子能、半导体、计算机之后，人类的又一重大发明，被称为“最快的刀”“最准的尺”“最亮的光”。

图4－29　激光器

激光具有单色性好、方向性强、亮度高等特点。激光的用途很多，可用于激光通信、激光测距、激光切割、激光打孔、激光焊接、激光美容、激光手术等。还可在军事上用于激光制导、激光毁伤等。2014年，中国工程物理研究院和中科院光电所等单位研制了“低空卫士”激光防空系统（如图4－30），在真实场景验证中，该系统成功击落固定翼、多旋翼、直升机等多种小型航空器30余架次，击落率100%。这套系统发射功率近万瓦、低空有效护卫面积12平方千米，能在5秒内精准拦截半径2千米、360度空域的多种航空器，具有快速、准确、无声无息、无附带损伤等特点。此外，中国人民解放军最新型99式坦克装备有激光致盲武器，可干扰和致盲敌方较近距离的光电传感器及观察人员。

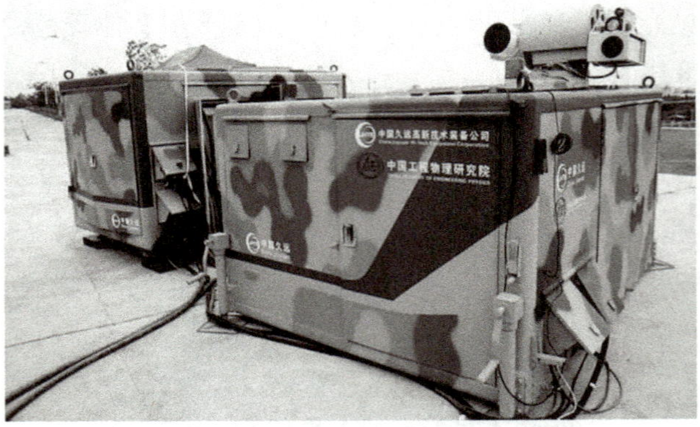

图 4 - 30　“低空卫士”激光防空系统

事实上，激光的应用远不止这些，还在不断发展中。

【思考和讨论】

用无色的肥皂液吹出的肥皂泡为什么看起来是彩色的？

【问题与练习】

激光有什么特点？有哪些应用？

附录一:物理学史常识

科学家	国籍	贡献
胡克	英国	发现了胡克定律
伽利略	意大利	1. 运用科学的推理,给出了匀变速运动的定义,导出 s 正比于 t^2 并给以实验检验 2. 推断并检验得出,无论物体轻重如何,其自由下落的快慢程度是相同的 3. 通过斜面实验,推断出物体如不受外力作用将维持匀速直线运动的结论。后由牛顿归纳成惯性定律 4. 伽利略的科学推理方法是人类思想史上最伟大的成就之一
牛顿	英国	动力学的奠基人,他总结和发展了前人的发现,得出牛顿运动定律及万有引力定律,奠定了以牛顿运动定律为基础的经典力学
开普勒	德国	发现了行星运动规律的开普勒三定律,奠定了万有引力定律的基础
卡文迪许	英国	巧妙地利用扭秤装置测出了万有引力常量
布朗	英国	植物学家,在用显微镜观察悬浮在水中的花粉时,发现了“布朗运动”
焦耳	英国	1. 测定了热功当量 J = 4.2 焦/卡,为能的转化与守恒定律的建立提供了坚实的基础。 2. 研究电流通过导体时的发热,得出了焦耳定律
开尔文	英国	创立了把 -273 ℃作为绝对零度的热力学温标
库仑	法国	巧妙的利用“库仑扭秤”研究电荷之间的作用,发现了“库仑定律”
密立根	美国	利用带电油滴在竖直电场中的平衡,得到了基本电荷 e
欧姆	德国	在实验研究的基础上,把电流与水流等比较,从而引入了电流强度、电动势、电阻等概念,并确定了它们的关系
奥斯特	丹麦	通过实验发现了电流能产生磁场
安培	法国	提出了著名的分子电流假说
汤姆孙	英国	1. 研究阴极射线,发现电子,测得了电子的比荷 $\frac{e}{m}$。 2. 提出了“枣糕模型”,在当时能解释一些实验现象
劳伦斯	美国	发明了“回旋加速器”,使人类在获得高能粒子方面迈进了一步
法拉第	英国	1. 发现了电磁感应,亲手制成了世界上第一台发电机。 2. 提出了电磁场及磁感线、电场线的概念
楞次	俄国	概括实验结果,发表了确定感应电流方向的楞次定律
麦克斯韦	英国	在总结前人研究电磁感应现象的基础上,建立了完整的电磁场理论
赫兹	德国	1. 在麦克斯韦预言电磁波存在后二十多年,第一次用实验证明了电磁波的存在。 2. 测得电磁波传播速度等于光速。 3. 证实了光是一种电磁波
惠更斯	荷兰	1. 在对光的研究中,提出了光的波动说。 2. 发明了摆钟
托马斯·杨	英国	首先巧妙而简朴地解决了相干光源问题,成功地观察到光的干涉现象(双孔或双缝干涉)

科学家	国籍	贡献
伦琴	德国	继英国物理学家赫歇尔发现红外线，德国物理学家里特发现紫外线后，发现了当高速电子打在管壁上时，管壁能发射出 X 射线——伦琴射线
普朗克	德国	1. 提出量子概念——电磁辐射（含光辐射）的能量是不连续的，E 与频率 ν 成正比。 2. 在热力学方面也有巨大贡献
爱因斯坦	德籍， 后美籍， 犹太裔	1. 提出了“光子”理论及光电效应方程。 2. 建立了狭义相对论及广义相对论。 3. 提出了“质能方程”
德布罗意	法国	提出一切微观粒子都有波粒二象性；提出物质波概念，任何一种运动的物体都有一种波与之对应
卢瑟福	英国	1. 通过 α 粒子的散射现象，提出原子的核式结构。 2. 首先实现了人工核反应，发现了质子
玻尔	丹麦	把普朗克的量子理论应用到原子系统上，提出原子的玻尔理论
查德威克	英国	从原子核的人工转变实验研究中，发现了中子
威尔逊	英国	发明了威尔逊云室以观察 α、β、γ 射线的径迹
贝克勒尔	法国	首次发现了铀的天然放射现象，开始熟悉原子核结构是复杂的
玛丽·居里夫妇	法国，波兰裔	原子物理的先驱者，钋和镭的发现者
约里奥·居里夫妇	法国	老居里夫妇的女儿女婿，首先发现了用人工核转变的方法获得放射性同位素

附录二:近代自然科学

我们把研究自然界各种物质和现象的科学,统称为自然科学。一般来说,自然科学包含物理学、化学、生物学、植物学等学科。人类自然科学的发展经历了数千年的漫长过程。从人类文明的起源开始,自然科学的发展就始终推动人类文明的进步。16 世纪开始,西方开始诞生近代自然科学,20 世纪起,自然科学开始进入现代阶段。

一、近代自然科学的诞生

从古代学术衰落到文艺复兴时期的学术重新兴起,经历了一千年左右的时间。在这漫长的岁月里,古希腊流传下来的学术思想不但没有发展,还几乎湮灭殆尽。文艺复兴的曦光照亮了欧洲,诞生了很多重要的科学理论。

1. 哥白尼提出日心说

在远古年代,人们认为,天是由站在地上的擎天神扛在肩上的,“盖天说”由此形成。“盖天说”认为地是平的,天是圆的,中间隆起,四周下垂,就像盖在地上的一个半球形的大帐篷。可是后来人们又发现,日月星辰的东升西落是“盖天说”解释不了的,只有在“盖天说”的半个球壳下面再加上半个球壳才对,于是“浑天说”产生了。“浑天说”最初认为地球不是孤零零地悬挂在空中的,而是浮在水上;后来又有发展,认为地球浮在空气中,因此有可能回旋浮动,这就是“地有四游”的朴素地动说的先河。“浑天说”认为全恒星都分布于一个“天球”上,而日月五星则在“天球”上运行。

到公元前 6 世纪,古希腊学者毕达哥拉斯根据圆是最完美形状的思想,第一次肯定了大地是球形的。接着,公元前 4 世纪的另一位学者柏拉图提出,圆周是最完美的图形,天上的物体都有神明,所以它们都应该沿着最完美的圆周做匀速运动。随后,他的学生亚里士多德进一步提出了大地是球形的这一无可辩驳的事实,首创了“地心说”。亚里士多德说:“宇宙是一个有限的球体,分为天地两层,地球位于宇宙中心,所以日月围绕地球运动,物体总是落向地面。地球之外有九个等距天层,由里到外排列依次是月球天、水星天、金星天、太阳天、火星天、木星天、土星天、恒星天和原动力天,此外空无一物。各个天层自己都不会运动,是上帝推动了恒星天层,恒星天层才带动了所有的天层。人居住的地球,岿然不动地居于宇宙中心。”

托勒密作为古希腊最后一位大天文学家,全面承袭了亚里士多德的“地心说”。他把亚里士多德的九层天扩大为十一层,把原动力天改为晶莹天,又往外添加了最高天、净火天。他认为日、月、行星和恒星都围绕着地球运行。其著作《天文学大成》在中世纪被尊为天文学的标准著作。

1473 年 2 月 19 日,哥白尼诞生了。在他成长的过程中,先是就读于波兰的克拉科夫大学,后又到意大利的两所大学学习,攻读法律、医学和神学,期间对天文学产生了极大兴趣。经过长期天象观测和研究,以及对地球大小的精确计算,哥白尼认定大的太阳绕小的地球转是根本不可能的,只能是小的地球围绕大的太阳转,太阳是宇宙的中心。在他 40 岁的时候,他提出了“日心说”,完成了他的伟大著作《天体运行论》。

2. 近代力学之父——伽利略

伽利略(1564—1642 年),意大利数学家、物理学家、天文学家,在科学上为人类做出过巨大贡献,是近代实验科学的奠基人之一。

古希腊在物理学说方面有两大学派,一派以哲学家亚里士多德为代表,另一派则以自然科学家阿基米德为代表。两人皆是古希腊著名的学者,由于两人的观点和方法不同,科学结论各异,形成了鲜明的对立。亚里士多德学派的观点凭主观臆断的推理方法做结论,充斥着谬误。阿基米德学派的观点完全依靠科学实践方法得出结论。

从 11 世纪起,在基督教会的扶持下,亚里士多德的著作得到了经院哲学家的重视,他们排斥阿基米德的物理学，把亚里士多德的物理学奉为经典，凡违反亚里士多德物理学的学说均被视为“异端邪说”。伽利略对亚里士多德的物理学持怀疑态度，相反地特别重视阿基米德对物理学的研究，重视数学和实验的结合。

在伽利略的研究成果得到公认之前，物理学以至整个自然科学只不过是哲学的一个分支，没有取得自己的独立地位。当时，哲学家们被束缚在神学和亚里士多德教条的框框里，他们苦思巧辩，得不出符合实际的客观规律。伽利略敢于向传统的权威思想挑战，不是先臆测事物发生的原因，而是先观察自然现象，由此发现自然规律。基于这样的新的科学思想，伽利略倡导数学与实验相结合的研究方法。这种研究方法是他在科学上取得伟大成就的源泉，也是他对近代科学的最重要贡献。伽利略摒弃神学的宇宙观，认为世界是一个有秩序的服从简单规律的整体，要了解大自然，就必须进行系统的实验定量观测，找出它们的精确的数量关系。基于新的思想，伽利略倡导了新的方法(数学—实验方法)。伽利略的数学与实验相结合的研究方法，一般来说分三个步骤：①先提取出从现象中获得的直观认识的主要部分，用最简单的数学形式表示出来，以建立量的概念；②再由此式用数学方法导出另一易于实验证实的数量关系；③然后通过实验来证实这种数量关系。他对落体匀加速运动规律的研究便是最好的说明。伽利略进行科学实验的主要目的是检验一个科学假设是否正确，而不是盲目地收集资料、归纳事实。

推动重物时需要的力大，而推动轻物时需要的力小，是人们的直觉经验。亚里士多德据此得出普遍性的结论：一切物体均有保持静止或所谓寻找其“天然去处”的本性，认为“任何运动着的事物都必然有推动者”，并用比例定律把动力与速度联系起来。伽利略则提出惯性原理和力与加速度的新概念。他观察到一个沿着光滑斜面向上滑动的物体，因斜面的斜角不同而受到不同程度的减速，斜角越小，减速越小。如在无阻力的水平面上滑动，则应保持原速度永远滑动。因而得出这样的结论：“一个运动的物体，假如有了某种速度以后，只要没有增加或减小速度的外部原因，便会始终保持这种速度——这个条件只有在水平的平面上才有可能，因为在斜面的情况下，朝下的斜面提供了加速的起因，而朝上的斜面提供了减速的起因。由此可知，只有在水平面上运动才是不变的”。这样，伽利略便第一次提出了惯性概念，并第一次把外力和“引起加速或减速的外部原因”即运动的改变联系起来。伽利略第一次提出了惯性和加速度这些全新的概念，以及在重力作用下物体做匀加速运动的全新的运动规律，为牛顿力学理论体系的建立奠定了基础。这种新的惯性概念，推翻了100多年以来亚里士多德学派认为物体运动靠精灵或外界迂回空气推动的说法，也澄清了中世纪含糊的“冲力”说。这是人类长期以来研究机械运动的理论成果，并且得到了当时“地动说”支持者们的拥护。伽利略虽然没有明确地写出惯性原理，可是表明了这是属于物体的本性的客观规律，在研究其他物理问题时，他熟练地运用了它。完整的惯性原理是在伽利略逝世两年后由笛卡尔表述的。

伽利略把物体速度的大小和方向的改变或加速度的产生归因为力的作用，这是对力的性质的客观认识，也是牛顿第二定律的雏形。惯性原理的发现破除了力是运动原因的旧概念，而认为力是改变运动状态的原因。牛顿在《自然哲学的数学原理》一书中高度评价伽利略对第一、第二两运动定律所做的开创性工作。

在对抛物体的研究中，伽利略发现水平与垂直两方向的运动各具有独立性，互不干涉，但通过平行四边形法则又可合成实际的运动径迹。他从垂直于地面的匀加速运动和水平方向的匀速运动，完整地解释了弹道的抛物线性质，这是运动的合成研究的重大收获，并具有实用意义。

伽利略在人类思想解放和文明发展的过程中做出了划时代的贡献。历史上他首先在科学实验的基础上融会贯通了数学、物理学和天文学三门科学，扩大、加深并改变了人类对物质运动和宇宙的认识。伽利略从实验中总结出自由落体定律、惯性定律和伽利略相对性原理等。从而推翻了亚里士多德物理学的许多臆断，奠定了经典力学的基础，反驳了托勒密的地心体系，有力地支持了哥白尼的日心学说。他以观察和系统的实验推翻了纯属思辨传统的自然观，开创了以实验事实为根据并具有严密逻辑体系的近代科学。其工作为牛顿力学的理论体系的建立奠定了基础，因此被誉为“近代力学之父”、“近代科学之父”。

3. 胡克发明显微镜

胡克(1635—1703 年),英国博物学家、发明家。他在力学、光学、天文学等多方面都有重大成就。他所设计和发明的科学仪器在当时是无与伦比的,被誉为英国的“双眼和双手”。在物理学研究方面,他提出了描述材料弹性的基本定律(胡克定律);在机械制造方面,他设计制造了真空泵、显微镜和望远镜;在新技术发明方面,他发明的很多设备如锚型擒纵机、摆轮游丝、万向接头、风向仪、水平仪等,至今仍然在使用。除了科学技术,胡克还在城市设计和建筑方面有着重要的贡献。

在光学方面,胡克是光的波动说的支持者。1655 年,胡克提出了光的波动说,他认为光的传播与水波的传播相似。1672 年胡克进一步提出了光波是横波的概念。在光学研究中,胡克更主要的工作是进行了大量的光学实验,特别是光学仪器的研制方面,他制作和发明了显微镜、望远镜等多种光学仪器。

胡克在力学方面的贡献尤为卓著。他曾为研究开普勒学说做出了重大贡献。在研究引力可以提供约束行星沿闭合轨道运动的向心力问题上,1662 年至 1666 年间,胡克做了大量实验工作。他支持吉尔伯特的观点,认为引力和磁力相类似。1664 年胡克曾指出彗星靠近太阳时轨道是弯曲的。1674 年他根据修正的惯性原理,从行星受力平衡的观点出发,提出了行星运动理论,在 1679 年给牛顿的信中正式提出了引力与距离平方成反比的观点,但由于缺乏数学手段,还没有得出定量的表示。

胡克定律(弹性定律),是胡克最重要的发现之一,也是力学的最重要的基本定律之一。在现代,仍然是物理学的重要基本理论。胡克定律指出:“在弹性限度内,弹簧的弹力 f 和弹簧的长度变化量 x 成正比,即 $f=-kx$。k 是物质的弹性系数,它由材料的性质所决定,负号表示弹簧所产生的弹力与其伸长(或压缩)的方向相反。”为了证实这一事实,胡克曾做了大量实验,包括由各种材料所构成的各种形状的弹性体。

胡克在天文学、生物学等方面也有贡献。他曾用自己制造的望远镜观测了火星的运动。1665 年胡克有一个非常了不起的发现,他用自制的显微镜观察一块软木薄片的结构时,发现它们看上去像一间间长方形的小房间,就把它命名为“细胞”,至今仍被使用。

到了 19 世纪,高质量消色差浸液物镜的出现使显微镜观察微细结构的能力大为提高。1827 年,阿米奇第一个采用浸液物镜。19 世纪 70 年代,德国人阿贝奠定了显微镜成像的理论基础。这些都促进了显微镜制造和显微观察技术的迅速发展,并为包括科赫、巴斯德等在内的生物学家和医学家发现微生物提供了有力的工具。

在显微镜结构发展的同时,显微观察技术也在不断创新:1850 年出现了偏光显微术,1893 年出现了干涉显微术,1935 年荷兰物理学家泽尔尼克创造了相衬显微术,他为此在 1953 年被授予诺贝尔物理学奖。

荷兰的詹森制造了复合式显微镜。这种显微镜使用两个凸透镜,一个凸透镜把另外一个所成的像进一步放大,这就是复合式显微镜的基本原理。如果两个凸透镜一个能放大 10 倍,另一个能放大 20 倍,那么整个显微镜的放大倍数就是 $10\times20=200$ 倍。不过,詹森时代的复合式显微镜并没有真正显示出它的威力,由于制作水平的限制,它们的放大倍数太低。

光学显微镜只是光学元件和精密机械的组合,它以人眼作为接收器来观察放大的像。后来在显微镜中加入了摄像装置,以感光胶片作为可以记录和存储的接收器。现代又普遍采用光电元件、电视摄像管和光电耦合器等作为显微镜的接收器,配以计算机后构成完整的图像信息采集和处理系统——电脑图像显微成像系统。

二、近代物理学的发展

物理学是自然科学的基础,因此,自然科学的每一次进步,都离不开物理学的进步,近代物理学先后在力学、热学、光学、电磁学等领域取得突破,给人类的自然科学进步奠定了发展的基石。

1. 开普勒行星运动三定律

开普勒(1571—1630 年),德国天文学家。在大学里,开普勒深受秘密传播哥白尼学说的天文教授麦斯特林的影响,对天文学和数学有着浓厚的兴趣。1600 年,开普勒给天文学家第谷·布拉赫当助手,第谷是望远镜发明以前的最后一位伟大的天文学家,也是世界上前所未有的最仔细、最准确的观察家,因此他的记录具有十分重大的价值。第谷翌年去世,作为第谷·布拉赫的接班人,开普勒认真地研究了第谷多年来对行星进行仔细观察所做的大量记录。开普勒认为通过对第谷的记录做仔细的数学分析可以确定哪个行星运动学说是正确的:哥白尼日心说、古老的托勒密地心说,或许是第谷本人提出的第三种学说。但是经过多年煞费苦心的数学计算,开普勒发现第谷的观察与这三种学说都不符合。最终开普勒认识到了问题的所在:他与第谷、哥白尼以及所有的经典天文学家一样,都假定行星轨道是由圆或复合圆组成的。

1609 年,开普勒发表了《新天文学》,这是一部伟大的著作,提出了他的前两个行星运动定律。行星运动第一定律认为,每个行星都在一个椭圆形的轨道上绕太阳运转,而太阳位于这个椭圆轨道的一个焦点上。行星运动第二定律认为,行星运行离太阳越近则运行就越快,行星的速度以这样的方式变化:行星与太阳之间的连线在相等时间内扫过的面积相等。十年后开普勒发表了他的行星运动第三定律:行星运转周期的平方与到太阳之间距离的立方成正比。

开普勒定律对行星绕太阳运动做了一个基本完整、正确的描述,解决了天文学的一个基本问题。这个问题的答案曾使甚至像哥白尼、伽利略这样的天才都感到迷惑不解。当时开普勒没能说明行星按其规律在轨道上运行的原因,直到 17 世纪后期才由牛顿阐明清楚。牛顿曾说过:“如果说我比别人看得远些的话,是因为我站在巨人的肩膀上。”开普勒无疑是他所指的巨人之一。

开普勒行星三定律的完成,宣布了开普勒天文学体系的成熟,使人们对于行星的运动规律有了一个较为全面的理解,他开创了天文学发展的新阶段,最终使他赢得了“天空立法者”的美名。

椭圆彻底摧毁了神圣不可侵犯的圆运动,废除了两千年来人们的旧观念,从此,开普勒的天文学观点被许多天文学家所接受。

2. 万有引力定律和经典力学的确立

1642 年是物理学史上值得纪念的年份。伽利略在那年与世长辞,而经典力学的创建者牛顿随后不久诞生了。牛顿可以说是集前人之大成,他在开普勒、伽利略、惠更斯等人的研究基础上,将互不联系的力学知识,用数学方法把它们的相互关系联系起来,并用简练的表达式加以阐明,从而建立起经典力学。

牛顿(1643—1727 年),英国著名的物理学家,百科全书式的“全才”,是万有引力定律的发现者。在开普勒行星运动定律以及其他人的研究成果上,他用数学方法导出了万有引力定律,并于 1687 年发表在《自然哲学的数学原理》上。

在经典力学方面,牛顿总结前人的经验,提出了“力”“质量”和“动量”的明确定义,并把它们与伽利略所提出的“加速度”联系起来,概括总结出了三大运动定律。牛顿把地球上物体的力学和天体力学统一到一个基本的力学体系中,创立了经典力学理论体系。正确地反映了宏观物体低速运动(与光速比速度较低)的宏观运动规律,实现了自然科学的第一次大统一。这是人类对自然界认识的一次飞跃。

牛顿曾致力于颜色的现象和光的本性的研究。1666 年,他用三棱镜研究日光,得出结论:白光是由不同颜色(即不同波长)的光混合而成的,不同波长的光有不同的折射率。在可见光中,红光波长最长,折射率最小;紫光波长最短,折射率最大。牛顿的这一重要发现成为光谱分析的基础,揭示了光色的秘密。牛顿还曾把一个磨得很精、曲率半径较大的凸透镜的凸面,压在一个十分光洁的平面玻璃上,在白光照射下可看到,中心的接触点是一个暗点,周围则是明暗相间的同心圆圈。后人把这一现象称为“牛顿环”。他创立了光的“微粒说”,从一个侧面反映了光的运动性质。1704 年,牛顿著成《光学》,系统阐述他在光学方面的研究成果,其中他详述了光的粒子理论。他认为光是由粒子或微粒组成的,并会因加速通过光密介质而折射,但他也不得不将它们与波联系起来,以解释光的衍射现象。

牛顿运动三定律构成了经典力学的基础,为经典物理学的建立提供了基本定律。牛顿对万有引力的发现,三大运动定律的提出和微积分的创立,使得他成为经典物理学领域最为杰出的科学巨人。

3. 能量守恒和热力学三大定律的创立

在18世纪末19世纪初,随着蒸汽机在生产中的广泛应用,人们越来越关注热和功的转化问题。于是热力学应运而生。

1798年,英国科学家汤普森通过实验否定了热质的存在。德国医生、物理学家迈尔在1841年至1843年间提出了热与机械运动之间相互转化的观点,这是热力学第一定律的第一次提出。热力学第一定律就是不同形式的能量在传递与转换过程中守恒的定律,表述为:如果一个系统与环境孤立,那么它的内能将不会发生变化。引申得到,体系内能的改变量等于它从环境吸收的热量与环境在其之上做功的总和。焦耳设计实验测定了电热当量和热功当量,用实验确定了热力学第一定律,补充了迈尔的论证。

1824年,法国陆军工程师卡诺设想了一个既不向外做功又没有摩擦的理想热机。通过研究得出:热机必须在两个热源之间工作,热机的效率只取决于热源的温差,热机效率即使在理想状态下也不可能达到100%,即热量不能完全转化为功。

1850年,德国物理学家克劳修斯在卡诺的基础上统一了能量守恒和转化定律与卡诺原理,指出:一个自动运作的机器,不可能把热从低温物体移到高温物体而不发生任何变化,这就是热力学第二定律。

热力学第二定律有多种说法,最流行的有克劳修斯的表述:“热量由低温物体传给高温物体而不引起其他变化是不可能的。”还有英国物理学家开尔文的表述:“从单一热源取出热使之完全变为功,而不发生其他变化是不可能的。”由此可见,这一时期,有很多科学家投入到了热学问题的研究,并且都取得了巨大的成就。

随着低温技术的发展,人们不断向低温极限冲击,但越是接近绝对零度,温度的降低就越困难。1906年德国物理化学家能斯特在观察低温现象和化学反应中发现热定理,1912年,能斯特又将这一规律表述为绝对零度不可能达到原理:“不可能使一个物体冷却到绝对温度的零度。”这就是热力学第三定律。

根据热力学第三定律,在绝对零度下一切物质皆停止运动。绝对零度虽然不能达到,但可以无限趋近。

能量守恒和热力学三大定律的创立,揭示了热、力、电和化学等各种运动形式之间的转化和统一性,使自然界的运动形式达到空前的综合和统一。

4. 对光的波粒二象性的认识

人类对光的认识,是从太阳光、火光等可见光开始的,人们从观察日光照射物体形成影子的现象中得出:光的一种基本性质是光的直线传播。表明光的直线传播的另一个事实是针孔成像。关于针孔成像的记载,在我国先秦时代的《墨经》上就有翔实的记载,比古希腊的欧几里德的记载既早又详细。

光为什么直线传播,光的本性怎样?在17世纪后半叶,英国科学家牛顿和荷兰科学家惠更斯对光的本性做解释时,发生了原则性分歧。

牛顿认为光是一种微粒流,微粒从光源飞出来,在均匀介质内按力学定律做直线运动,他以这种观点解释了反射定律,并以光在介质中的传播速度比在真空中慢来解释折射定律。微粒说很自然地解释了光的直线传播性。但是这种假说不能说明光线在相交时互不干扰的性质,也不能说明由他自己发现的牛顿环现象:把曲率半径大的凸透镜放在平玻璃板上,在透镜与玻璃板接触点处出现明暗相间的同心环,即牛顿环。

惠更斯(1629—1695年),荷兰物理学家、天文学家、数学家。他是光的微粒说的反对者,他创立了波动说,于1690年在《论光》一书中写道:“光同声一样,是以球形波面传播的,这种波同把石子投在平静的水面上时看到的波相似。”他从声现象与光现象的许多类似出发,认为光是一种机械波,由发光物体振动引起,依靠一种特殊的叫作“以太”的弹性介质来传播,而这种特殊的介质“以太”充满宇宙的全部空间。惠更斯的波动说只是粗略地指出光的波动性,惠更斯关于光波的概念是很不完全的,他始终没有提到光波在空间上的周期性。

1860年,英国科学家麦克斯韦在研究中发现,振动着的电荷或迅速变化的电流都会引起其周围电磁场以波的形式向外传播,而且传播速度与光速相同,从而提出光是电磁波的假说。1888年,德国物理学家赫兹用实验证明了电磁波的存在,从此奠定了光的电磁理论。这个理论能够说明光的传播、干涉、衍射、偏振等许多现象。电磁波包括无线电波、微波、红外光、可见光、紫外光、X 光和 γ 光。它们所不同的是波长,或者说是频率各不相同而已。看来波动说已达到尽善尽美的境地。

但是,在 19 世纪末期和 20 世纪初,当人们的研究深入到光与物质的相互作用这一领域时,却发现许多问题是无法用波动说加以解释的,其中最著名的难度是黑体辐射能谱。所谓黑体,是指能全部吸收外来电磁辐射而毫无反射的理想物体。例如,在一个空腔表面上开一个小孔(或细缝),则因任何辐射进入小孔后,在腔内进行多次反射和吸收,很难再从小孔透出,犹如被小孔全部吸收,所以这个小孔十分近似于黑体的表面。黑体发出的辐射就叫黑体辐射。一个温度均匀的空腔表面上一小孔(如炼钢炉上的小孔)发出的辐射,很接近于同温度下的黑体辐射。在黑体辐射中存在各种波长的电磁波,能量按波长的分布仅与黑体的温度有关。

1905 年,爱因斯坦提出光子假设,成功解释了光电效应,因此获得 1921 年诺贝尔物理学奖。赫兹于 1887 年发现光电效应,爱因斯坦第一个成功地解释了光电效应。所谓光电效应是指,金属表面在光辐照作用下发射电子的现象,发射出来的电子叫作光电子。光波长小于某一临界值时才能发射电子,此临界值即为极限波长,对应的光的频率叫作极限频率。临界值取决于金属材料,而发射电子的能量取决于光的波长而与光的强度无关,这一点无法用光的波动性解释。还有一点与光的波动性相矛盾,即光电效应的瞬时性。按波动性理论,如果入射光较弱,照射的时间要长一些,金属中的电子才能积累足够的能量,飞出金属表面。可事实是,只要光的频率高于金属的极限频率,光的亮度无论强弱,光子的产生都几乎是瞬时的,不超过 10^{-9} s。正确的解释是光必定是由与波长有关的严格规定的能量单位(即光子或光量子)所组成。

爱因斯坦最早注意到了物质的波粒二象性。波粒二象性的发现,是爱因斯坦对量子理论所做出的最大贡献,它首次揭示了光的量子特性,即光不仅具有波动性,同时也具有粒子性。由于波粒二象性被证明是自然界中一切物质运动的最基本的量子特性,因此,爱因斯坦的这一发现甚至比他的相对论更为重要。正是光的波粒二象性概念进一步引导德布罗意(法国物理学家)提出了物质波假说,将光子的波粒二象性赋予了所有物质粒子,并最终促使薛定谔(奥地利物理学家)建立了量子理论的波动力学形式。

5. 电磁学的辉煌成就

1820 年,奥斯特(丹麦物理学家)发现电流的磁效应,揭示了电与磁联系的一个方面后,不少物理学家进一步探索磁是否也能产生电,并做了大量的实验。

1831 年,法拉第(英国科学家)发现当一块磁铁穿过一个闭合电路时,电路内就会有电流产生,这就是电磁感应现象。法拉第发现的电磁感应定律,不仅成为指导电机制造的理论,开辟了电力革命的道路,而且是现代电磁学的基础。法拉第的电磁感应定律是他的一项最伟大的贡献。

1864 年,英国的另一位科学家麦克斯韦提出"涡旋电场"和"位移电流"概念,从而统一了电场和磁场。随后把电磁场普遍规律概括成四个方程,用麦克斯韦方程组概括了全部电磁现象。更进一步,他还根据麦克斯韦方程组,预言了电磁波的存在,并且提出了光也是一种电磁波的假设,这些预言和假说后来均被一一证实。在麦克斯韦的努力下,电磁学的大厦完美地建立起来。

6. 爱因斯坦创立相对论

相对论是关于时空和引力的理论,由爱因斯坦创立,依其研究对象的不同可分为狭义相对论和广义相对论。相对论极大地改变了人类对宇宙和自然的"常识性"观念,提出了"同时的相对性""四维时空""弯曲时空"等全新的概念。相对论和量子力学的提出,给物理学带来了革命性的变化,它们共同奠定了近代物理学的基础。

爱因斯坦在他 1905 年的论文《论动体的电动力学》中介绍了狭义相对论。狭义相对论建立在狭义相对性原理和光速不变原理之上。

在狭义相对论提出之前,人们认为时间和空间是各自独立的绝对存在。而爱因斯坦的相对论首次提出了时空的概念,它认为时间和空间各自都不是绝对的,而绝对的是它们的整体——时空,在时空中运动的观察者可以建立"自己的"参考系,可以定义"自己的"时间和空间,而不同的观察者所定义的时间和空间可以是不同的。

在爱因斯坦之前，人们广泛关注于麦克斯韦方程组在伽利略变换下不协变的问题，也有人注意过爱因斯坦提出狭义相对论所基于的实验（如光程差实验等），也有人推导出了与爱因斯坦类似的数学表达式（如洛伦兹变换），但只有爱因斯坦将这些因素与经典物理的时空观结合起来提出了狭义相对论，并极大地改变了我们的时空观。在这一点上，狭义相对论是革命性的。

1915 年左右，爱因斯坦的广义相对论又诞生了。如果说到了 20 世纪初，狭义相对论因为经典物理原来固有的矛盾、大量的新实验及广泛的关注而呼之欲出的话，那么广义相对论的提出则在某种意义上是“理论走在了实验前面”的一次实践。

爱因斯坦的相对论直接和间接地催生了量子力学的诞生，也为研究微观世界的高速运动确立了全新的模型。相对论的诞生在人类历史上是革命性的，爱因斯坦也成为人类历史上最伟大的科学家。

【思考和讨论】

列出你心目中对近代物理学发展贡献突出的科学家。

【问题与练习】

1.1889 年清政府派人参加了由法国政府举办的巴黎世界博览会，参会者可能看到的展品有（　　）。
①电话　②柴油内燃机　③汽车　④无线电报
A. ①②　　B. ③④　　C. ①③　　D. ②④

2. 工业革命给我们的生活带来了极大的方便。今天我们可以①乘坐轮船漂洋过海；②乘公共汽车上学；③乘飞机在天空翱翔；④通过电脑上网查资料。其中得益于第二次工业革命的成果是（　　）。
A. ①②　　B. ②③　　C. ①③　　D. ②④

3. 电话的发明者是（　　）。
A. 摩尔　　B. 爱迪生　　C. 贝尔　　D. 法拉第

4. 下列哪一项不属于第一次工业革命时期的科学发现和成就（　　）。
A. 血液循环学说　　B. 电磁感应现象
C. 科学原子论　　D. 细胞学说

5.20 世纪上半叶，发生了以（　　）为核心的物理学革命，加上其后的宇宙大爆炸模型、DNA 双螺旋结构、板块构造理论、计算机科学，这六大科学理论的突破，共同确立了现代科学体系的基本结构。
A. 相对论、量子力学　　B. 相对论、电磁学
C. 光学、电磁学　　D. 相对论、光学

附录三:选择题练习

选择题练习(每题只有一个正确选项)

1. 流体的流速越大,压强越小。下列现象中,可用这个原理来解释的是(　　)。
A. 氢气球脱手后升向高空　　B. 直升飞机悬停在空中
C. 人能够漂浮在死海海面上　　D. 船只并排航行易发生碰撞事故

2. 蝴蝶和蜜蜂从身旁飞过时,我们凭听觉不能发觉蝴蝶的飞行,而能听到蜜蜂飞行发出的声音,这是因为它们发出声音的(　　)。
A. 频率不同　　B. 振幅不同　　C. 响度不同　　D. 音色不同

3. 通常,人们会从噪声的产生、传播及接收三个环节控制噪声,下列措施属于在产生环节控制噪声的是(　　)。
A. 临街的房屋安装隔音玻璃　　B. 在高噪声环境下工作的人戴耳罩
C. 学校附近禁止汽车鸣笛　　D. 在公路两侧设置屏障墙

4. 完成交会对接后,宇航员在天宫一号和神舟十号飞船组合体工作生活 12 天,这期间他们要锻炼身体,以下方式中有效的是(　　)。
A. 引体向上　　B. 做俯卧撑　　C. 举哑铃　　D. 原地蹬自行车

5. 下列变化不属于物理变化的是(　　)。
A. 灯泡用久了灯丝变细
B. 用石灰浆抹墙,经过一段时间后变硬
C. 用压缩体积的办法,使丁烷气体液化并贮存在打火机内
D. 潮湿的衣服变干了

6. 城市里部分道路设计成下凹路,这种下凹道路在控制噪声方面的作用是(　　)。
A. 防止车辆产生噪声　　B. 在声源处减弱噪声
C. 在人耳处减弱噪声　　D. 在传播过程中减弱噪声

7. 我们经常看到马路施工处挂着红色的警示灯,这除了红色光容易引起人的视觉注意以外,还有一个重要的原因,就是红色光(　　)。
A. 比其他可见光更容易发生衍射　　B. 比其他可见光的光子能量大
C. 比其他可见光更容易发生干涉　　D. 比其他可见光更容易发生光电效应

8. 下列说法正确的是(　　)。
A. 半导体具有良好的导电性能　　B. 超导体是一种电阻很大的材料
C. 纳米技术是大尺度范围内的科学技术　　D. 超导材料用于输送电力可以降低电能损耗

9. 下列测量仪器中,刻度不均匀的是(　　)。
A. 体温计　　B. 弹簧秤　　C. 量筒　　D. 密度计

10. 在欣赏交响乐时,之所以能将小提琴、长笛等乐器的声音区分开,是依据声音的(　　)。
A. 响度　　B. 音调　　C. 频率　　D. 音色

11. “两弹一星”最初是指(　　)。
A. 原子弹、导弹和人造卫星　　B. 原子弹、核弹和人造卫星
C. 氢弹、导弹和人造卫星　　D. 炮弹、导弹和人造卫星

12. 关于声现象,下列说法正确的是(　　)。
A. 只要物体在振动,我们就一定能够听到声音
B. 成语“震耳欲聋”主要是指声音的音调很高
C. 能区别不同人说话的声音,是因为他们的音色不同
D. 声音在真空中传播的速度最大,在水中传播的速度最小

13. 下列说法中正确的是(　　)。
A. 电磁波既可以是横波,也可以是纵波
B. 电磁波在任何介质中的传播速度均为 3.0×10^8 m/s
C. 爱因斯坦为解释光电效应的实验规律提出了光子说
D. 光电效应现象能说明光具有波粒二象性

14. 下列说法正确的是(　　)。
A. 原子由中子和质子组成
B. 铜丝可用于制造保险丝
C. 对光敏感的半导体可用于制造光敏电阻
D. 超导体可用于制造灯泡的灯丝

15. 在冬季,剩下半瓶热水的暖水瓶经过一个夜晚后,第二天拔瓶口的软木塞时觉得很紧,不易拔出来,其主要原因是(　　)。
A. 软木塞受潮膨胀
B. 瓶口因温度降低而收缩变小
C. 白天时气温升高,大气压强变大
D. 瓶内气体因温度降低而压强减小,大气压把瓶塞压紧

16. 一根较粗的铜线被均匀地拉伸为原长的两倍,它的电阻将会(　　)。
A. 变小　　B. 变大　　C. 不变　　D. 无法确定

17. 下列选项中,不属于天然光源的是(　　)。
A. 阳光　　B. 烛光　　C. 激光　　D. 星光

18. 以下所给数据中,最接近实际的是(　　)。
A. 一个西瓜的质量一般是 50 kg　　B. 正常人脉搏跳动的时间间隔约为 1 s
C. 人体的正常体温大约是 40 ℃　　D. 普通楼梯一级台阶的高度约为 50 cm

19. 很多动物为了适应自身的生存环境,进化出了符合一定物理规律的身体部位。对此,从物理学的角度给出的解释错误的是(　　)。
A. 泥鳅体表的黏液可以减小摩擦
B. 鱼类主要靠鳔的调节作用改变自身的浮力来实现上浮和下沉的
C. 壁虎的脚掌上有许多“吸盘”,从而利用大气压使其在天花板上不会掉下来
D. “沙漠之舟”骆驼具有宽大的脚掌,可以减小骆驼对沙漠的压力

20. 电能表在电路中测量的是(　　)。
A. 电功　　B. 电功率　　C. 电流　　D. 电压

21. 透镜在我们的生活、学习中应用广泛,下列说法正确的是(　　)。
A. 近视眼镜利用了凹透镜对光的发散作用
B. 照相时,被照者应站在镜头二倍焦距以内
C. 显微镜的目镜成正立、缩小的虚像
D. 借助放大镜看地图时,地图到放大镜的距离应大于一倍焦距

22. 人们利用岩层发生形变时的地声异常来预报地震,这是利用了(　　)。
A. 固体传播声音传播得快　　B. 固体不能传播声音
C. 无线电波能在真空中传播　　D. 固体传播声音传播得慢

23. 吹笛子发声主要依靠(　　)。
A. 笛子本身(竹管)振动发声　　B. 笛子中空部分空气柱振动发声
C. 人的嘴唇振动发出的声音　　D. 以上说法都不正确

24. 往保温瓶里灌开水的过程中，听声音就能判断瓶中水位的高低，这是因为(　　)。

A. 随着水位的升高音调逐渐升高

B. 随着水位的升高音调逐渐降低

C. 灌水过程中音调保持不变，响度越来越大

D. 灌水过程中音调保持不变，响度越来越小

25. 医生用听诊器听病人的心、肺发出的声音进行诊病，听诊器能(　　)。

A. 改变发声体振动的频率，使声音的音调变高

B. 改变发声体振动的振幅，使声音的响度增大

C. 减少声音的分散，使传入人耳的声音响度增大

D. 缩短医生与声源的距离，使传入人耳的声音音调变高

26. 关于乐音和噪音的叙述中不正确的是(　　)。

A. 乐音是乐器发出的声音，噪音是机械发出的声音

B. 乐音悦耳动听，使人心情舒畅，噪音使人烦躁不安，危害人体健康

C. 从环境保护的角度看，一切干扰人们正常学习、工作的声音都是噪音

D. 乐音的振动有规律可循，噪音的振动杂乱无章无规律可循

27. 下列实例中，不能说明声波能传递能量的是(　　)。

A. 清洗钟表的精细器件

B. 利用超声波加工高硬度工件

C. 外科医生用超声波切除病人体内的结石

D. 孕妇做“B 超”检查

28. 下列说法正确的是(　　)。

A.“引吭高歌”中的高是指音调高

B.“细声细语”指的是音调

C.“尖声细嗓”中的尖指的是音调

D. 唱歌时“起音太高唱不上去”中的“高”指的是响度

29. 目前城市的光污染越来越严重，白亮污染是较普遍的一类光污染。在强烈阳光照射下，许多建筑的玻璃幕墙、釉面瓷砖、磨光大理石等装饰材料，都能造成白亮污染。形成白亮污染的主要原因是(　　)。

A. 光的直线传播　　B. 镜面反射　　C. 漫反射　　D. 光的折射

30. 下列各成语所反映的情景中，能说明光反射的是(　　)。

A. 镜花水月　　B. 坐井观天　　C. 海市蜃楼　　D. 立竿见影

31. 下列设备中，属于红外线技术应用的是(　　)。

A. 用验钞机来识别钞票的真假

B. 医院用灯照射的方法来消毒灭菌

C. 家中的电视机，可以用遥控器来控制频道和音量

D. 照相机使用滤镜来照相

32. 高压锅能很快煮熟饭菜，最主要的原因是(　　)。

A. 密封性能好，减少热损失　　B. 增大压强，提高水的沸点

C. 增大压强，降低了沸腾温度　　D. 传热快，缩短了沸腾时间

33. 关于安全用电，下列说法正确的是(　　)。

A. 人站在干燥的木凳上双臂分别接触到火线、零线一定会发生触电

B. 我国家庭电路的电压值是 36 V

C. 可以把湿衣服晾晒在电线上

D. 人站在干燥的木凳上单臂接触到火线一定会发生触电

34. 原来室内的电灯正常发光,当把台灯的插头插入插座时(台灯的开关断开),室内的灯全部熄灭,熔丝熔断,发生这一现象的原因是(　　)。

A. 台灯的功率太大　　B. 台灯的插头处有短路

C. 台灯的灯座处有短路　　D. 插座处原来就有短路

35. 家庭电路中的保险丝熔断了,以下原因中不可能的是(　　)。

A. 使用的用电器总功率过大　　B. 拉线开关中两根导线的线头相碰了

C. 保险丝的规格不符合规定的要求　　D. 插座中的两根导线的线头相碰了

36. 1991 年 12 月 15 日,我国内地第一座并网发电的核电站是(　　)。

A. 大亚湾核电站　　B. 秦山核电站

C. 岭澳核电站　　D. 田湾核电站

37. 在高压输电铁塔上一般都有"高压危险"的警示牌,然而停留在一根高压线上的小鸟却不会触电,这可能是因为(　　)。

A. 小鸟本身能耐高压　　B. 小鸟是绝缘体,所以不会触电

C. 高压线外包着一层绝缘层　　D. 小鸟两爪间的电压很低

38. 下列不属于电磁波的应用的是(　　)。

A. 飞机上的飞行员和指挥部对话　　B. 微波炉加热食品

C. 蓝牙技术(短距离无线电通信技术)　　D. 用 B 超检查身体

39. 关于光纤通信,小明同学曾思考这样的问题:在漫长的线路上,光纤免不了要拐弯、缠绕,而光在同种均匀介质中是沿直线传播的,激光通信信号怎能从一端传到另一端呢?后来在"研究光纤怎样传输光信号"的活动中,小明终于明白了:激光信号在光纤中(　　)。

A. 就像水流沿弯曲水管流动那样

B. 就像电流沿弯曲导线传播那样

C. 不断地经光纤壁反射而向前传播

D. 不断地在光纤中折射而向前传播

40. 关于能源及能源的利用,下列说法中不正确的是(　　)。

A. 由于我国的煤和石油的储量十分丰富,所以太阳能和核能的开发在我国并不十分重要

B. 能源的利用过程,实质上是能的转化和转移过程

C. 现在人类社会使用的能源主要是煤、石油、天然气

D. 石油和天然气的化学能归根到底来自太阳能

参考答案

题号	1	2	3	4	5	6	7	8	9	10
答案	D	A	C	D	B	D	A	D	D	D
题号	11	12	13	14	15	16	17	18	19	20
答案	A	C	C	C	D	B	C	B	D	A
题号	21	22	23	24	25	26	27	28	29	30
答案	A	A	B	A	C	A	D	C	B	A
题号	31	32	33	34	35	36	37	38	39	40
答案	C	B	A	B	B	B	D	D	C	A

参考文献

[1]人民教育出版社物理课程教材研究开发中心编. 物理[M]. 北京:人民教育出版社,2004.
[2]人民教育出版社物理室编. 物理[M]. 北京:人民教育出版社,2002.
[3]人民教育出版社物理课程教材研究开发中心编. 物理[M]. 北京:人民教育出版社,2005.
[4]程文杰,涂向阳编. 自然科学基础知识[M]. 武汉:华中师范大学出版社,2013.
[5]班耀华,李福在编. 自然科学基础知识[M]. 武汉:武汉大学出版社,2012.
[6]中学物理教师手册编写组编. 中学物理教师手册[M]. 上海:上海教育出版社,1984.
[7]马蓓编. 物理—物质运动的形态和规律[M]. 郑州:郑州大学出版社,2009.